Diese Mitteilungen setzen eine von Erich Regener begründete Reihe fort, deren Hefte auf der vorletzten Seite genannt sind.

Bis Heft 19 wurden die Mitteilungen herausgegeben von J. Bartels und W. Dieminger. Von Heft 20 an zeichnen W. Dieminger, A. Ehmert und G. Pfotzer als Herausgeber.

Das Max-Planck-Institut für Aeronomie vereinigt zwei Institute, das Institut für Stratosphärenphysik und das Institut für Ionosphärenphysik.

Ein **(S)** oder **(I)** beim Titel deutet an, aus welchem Institut die Arbeit stammt.

Anschrift der beiden Institute:

3411 Lindau

# THEORETISCHE BESCHREIBUNG DES VERHALTENS DER NÄCHTLICHEN F-SCHICHT

von

PETER STUBBE

ISBN 978-3-540-03616-6 ISBN 978-3-662-30581-2 (eBook)
DOI 10.1007/978-3-662-30581-2

## Inhaltsübersicht

## 1. Einleitung

Das Verhalten der nächtlichen F-Schicht läßt sich durch zwei auffällige Merkmale charakterisieren (W. BECKER [1, 2]):

1. Durch einen Anstieg der Schichthöhe in der ersten Nachthälfte, dem ein etwa konstantes Höhenniveau folgt, bevor um Sonnenaufgang herum die Schicht wieder absinkt und
2. durch eine sehr schwache Abnahme der Elektronendichte in der zweiten Nachthälfte, verglichen mit der wesentlich stärkeren Abnahme in den Stunden zwischen Sonnenuntergang und Mitternacht.

In den letzten Jahren sind zahlreiche Versuche unternommen worden, diese Eigenschaften der nächtlichen F-Schicht, insbesondere den schwachen Abfall der Elektronenkonzentration in der zweiten Nachthälfte, zu erklären. Dabei wurden verschiedene Deutungsmöglichkeiten vorgeschlagen: T. YONEZAWA [3] nimmt an, daß ein Elektronen-Ionen-Fluß aus der Protonosphäre die nächtliche Ionisation aufrechterhält, während L.A. ANTONOVA und G.S. IVANOV-KHOLODNY [4] die Möglichkeit einer Elektronen-Ionen-Produktion durch Korpuskularstrahlen in Erwägung ziehen. Beide Prozesse vermögen nicht den nächtlichen Anstieg der F-Schicht verständlich zu machen. Dagegen wollen W.B. HANSON und T.N.L. PATTERSON [5] die schwächere Abnahme der Elektronenkonzentration in der zweiten Nachthälfte auf einen Schichtanstieg in Gebiete geringerer Elektronenverluste zurückführen. Dieser Anstieg soll durch elektrische Felder oder horizontale Neutralgaswinde verursacht werden. Ein weiterer denkbarer Mechanismus zur Aufrechterhaltung der nächtlichen Ionisation wäre eine horizontale Drift des Plasmas von der Tagseite der Erde zur Nachtseite, die durch ein elektrisches Feld in Nord-Süd-Richtung erzeugt werden könnte.

In der vorliegenden Arbeit sollen die einzelnen Möglichkeiten, das Verhalten der nächtlichen F-Schicht zu erklären, in quantitativer Form diskutiert werden mit dem Ziel, eine Entscheidung für oder gegen einige der Möglichkeiten zu treffen sowie Aussagen über verschiedene Parameter der Ionosphäre und der hohen Atmosphäre zu gewinnen. Als Mittel dafür wurde ein Rechenprogramm für die IBM 7040 geschaffen, das eine numerische Lösung der nichtstationären Kontinuitätsgleichung der Ionosphäre unter Berücksichtigung der Neutralgasmitbewegung ermöglicht. Außerdem soll in dieser Arbeit auf stoßtheoretischem Wege die Frage behandelt werden, wie stark der Anlagerungskoeffizient der F-Schicht von der Temperatur abhängt. Dieses Problem ist im Rahmen unserer Untersuchungen deshalb von Wichtigkeit, weil die Temperatur der Ionosphäre im Laufe der Nacht abnimmt.

## 2. Experimentelle Ergebnisse über die nächtliche F-Schicht

Wir wollen das Verhalten der F-Schicht durch drei der Anschauung leicht zugängliche Größen beschreiben: Durch die Höhe $h_m$ des Schichtmaximums, die Elektronenkonzentration $N_m$ im Schichtmaximum und die halbe Schichtdicke $Y_m$ einer parabolischen Approximation des Schichtmaximums. Die Größen $h_m$, $Y_m$ und $N_m$ lassen sich mit verschiedenen Verfahren aus einem Ionogramm bestimmen (W. BECKER [6, 7]).

Um einen repräsentativen nächtlichen Verlauf der Größen $h_m$, $Y_m$ und $N_m$ unter genau definierten äußeren Bedingungen zu erhalten, wurde über zwölf nächtliche Verläufe, die sich alle auf die Äquinoktien im Sonnenfleckenmaximum beziehen, gemittelt. Ausgewertet wurden nur Lindauer Ionogramme magnetisch ungestörter Nächte.

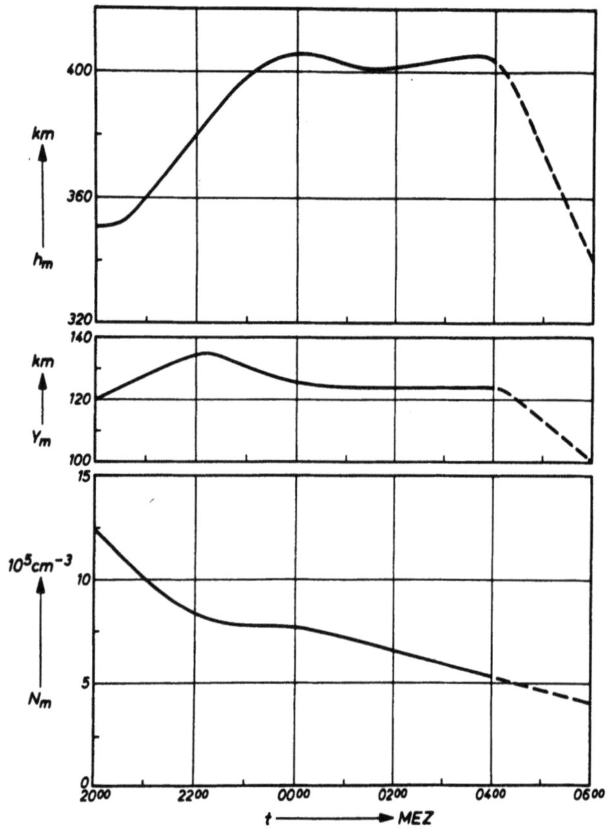


Abb. 1: Nächtlicher Verlauf von $h_m$, $Y_m$ und $N_m$ in den Äquinoktien des Sonnenfleckenmaximums für Lindau/Harz

Abbildung 1 zeigt den bereits in der Einleitung angedeuteten typischen Verlauf der Höhe des F-Schicht-Maximums und der Elektronenkonzentration im F-Schicht-Maximum. Sowohl der Anstieg als auch das Absinken der Schicht zeigen keinen Zusammenhang mit dem Sonnenuntergang bzw. dem Sonnenaufgang in der F-Schicht (W. BECKER [2]). Das Absinken der Schicht ist nur gestrichelt dargestellt, weil der Zeitpunkt des Absinkbeginns von Fall zu Fall sehr unterschiedlich sein kann.

Es soll unser Ziel sein, den in Abbildung 1 dargestellten Verlauf der Größen $h_m$, $Y_m$ und $N_m$ theoretisch nachzubilden.

## 3. Modell der hohen Atmosphäre

Das N(h)-Profil der F-Schicht wird ganz wesentlich durch einige Bestimmungsgrößen der hohen Atmosphäre beeinflußt. Diese sind: Die Temperatur des Neutralgases T, der Ionen $T_i$ und der Elektronen $T_e$, die Neutralgasdichte, die relative Zusammensetzung des Neutralgases und die relative Zusammensetzung des Ionengases. Wir wollen daher, bevor wir uns mit der eigentlichen Theorie der nächtlichen F-Schicht befassen, ein Modell aufstellen, das Aussagen über die genannten Größen macht.

### 3.1 Neutralgastemperatur in Abhängigkeit von der Höhe

Die Abhängigkeit der Neutralgastemperatur von der Höhe wird durch das Atmosphärenmodell von I. HARRIS und W. PRIESTER [8, 9] beschrieben, das auf der Lösung der Wärmeleitungsgleichung der Atmosphäre unter Anpassung an die Dichtewerte, die mit Hilfe der Satelliten-Abbremsungs-Technik gemessen wurden, basiert. Dieses Modell soll hier zugrunde gelegt werden.

Es zeigt sich, daß bei geeigneter Wahl der Konstanten b und c die analytische Darstellung

$$T(h) = T_o + (T_\infty - T_o)\left(1 - \exp\{-b(h-120) + c(h-120)^2\}\right) \qquad (1)$$

die Temperaturen des Modells von I. HARRIS und W. PRIESTER [9] mit einer Abweichung von höchstens 1% beschreibt. $T_o$ ist die Temperatur in 120 km Höhe, $T_\infty$ die im Bereich der isothermen Atmosphäre, also in großen Höhen, und h ist die Höhe in km. $T_o = 355^\circ K$ wollen wir dem Harris-Priesterschen Modell entnehmen. Dagegen wollen wir $T_\infty$ als freien Parameter betrachten, der so gewählt wird, daß er zusammen mit anderen Parametern das beobachtete Verhalten der nächtlichen F-Schicht richtig beschreibt. Die Konstanten b und c werden so bestimmt, daß der Temperaturverlauf (1) möglichst gut mit den Temperaturen des Harris-Priesterschen Modells übereinstimmt.

### 3.2 Elektronen- und Ionentemperatur

Die Temperaturen $T_e$ und $T_i$ des Elektronengases und des Ionengases, die i.a. nicht gleich sind, werden durch folgende Prozesse bestimmt [10, 11, 12] :

1. Durch Photoionisation des Neutralgases der Atmosphäre ($O$, $O_2$, $N_2$) werden energiereiche Photoelektronen erzeugt.
2. Die Photoelektronen verlieren kinetische Energie
   a) durch Anregung und Ionisation von Neutralgasteilchen. Die Anregungsenergie der Neutralgasteilchen wird teilweise als kinetische Energie an das Neutralgas und das Elektronengas übertragen.
   b) durch elastische Stöße mit Neutralgasteilchen, Ionen und Elektronen. Da ein Photoelektron an ein anderes Elektron wegen der Massengleichheit eine wesentlich größere Energie überträgt als an ein Teilchen mit größerer Masse, ist die Aufheizung des Elektronengases viel stärker als die des Ionen- und des Neutralgases.
3. Stöße zwischen gleichartigen Teilchen sorgen dafür, daß jede Teilchensorte für sich einer Maxwell-Verteilung genügt und damit die Temperaturen T, $T_e$ und $T_i$ definiert sind.
4. Das Elektronengas wird durch die unter 2b angegebenen Prozesse abgekühlt. Entsprechend werden das Neutralgas und das Ionengas aufgewärmt.
5. Die Ionen führen Stöße mit Neutralgasteilchen und Elektronen aus. In Höhen unterhalb von etwa 500 km überwiegt die Wirkung der Stöße mit Neutralgasteilchen, so daß $T_i = T$ ist. Oberhalb von etwa 1000 km dagegen dominieren die Stöße mit den Elektronen, so daß $T_i = T_e$ wird. In dem dazwischen liegenden Gebiet ist $T_i$ weder gleich T noch gleich $T_e$ [12] .
6. Wärmeleitung sorgt für den Ausgleich örtlicher Temperaturunterschiede.

Eine quantitative Behandlung der genannten Prozesse zeigt, daß am Tage in der F-Schicht stets $T_e > T_i$ und $T_i \approx T$ ist [12] . Die Differenz $T_e - T_i$ ist im Sonnenfleckenminimum wesentlich größer als im Sonnenfleckenmaximum, da $T_i$ im Sonnenfleckenmaximum etwa doppelt so groß ist wie im Sonnenfleckenminimum, während $T_e$ annähernd konstant bleibt. Das bedeutet insbesondere, daß $T_e/T_i$ im Sonnenfleckenminimum sehr viel stärker von 1 abweicht als im Sonnenfleckenmaximum. Wesentliche Züge der Rechnung von J. E. GEISLER und S.A. BOWHILL [12] kann man leicht in vereinfachter Weise nachvollziehen, wenn man folgende Annahmen macht:

1. Wärmeleitung kann vernachlässigt werden.
2. Die dem Elektronengas pro $cm^3$ und sec zugeführte Wärmemenge Q ist gleich der pro $cm^3$ und sec vom Elektronengas abgegebenen Wärmemenge.
3. Die Wärmeabgabe an das Neutralgas kann gegenüber der Wärmeabgabe an das Ionengas vernachlässigt werden. Diese Annahme ist oberhalb von etwa 300 km gerechtfertigt.

Die folgende kleine Rechnung soll zeigen, daß man für die Nachtstunden des Sonnenfleckenmaximums $T_e = T_i$ setzen darf. Infolge unserer vereinfachten Annahmen gilt [11] : Die Temperaturänderung des Elektronengases pro Zeiteinheit durch elastische Stöße von Elektronen und Ionen ist proportional der Elektronenkonzentration N , der momentanen Temperaturdifferenz $T_e - T_i$ und der Zahl der Stöße $\nu_{ei}$, die ein Elektron pro sec mit den Ionen ausführt. Nach S. CHAPMAN [13] ist $\nu_{ei}$ proportional $N\,T_e^{-3/2}$ Somit ergibt sich:

$$\frac{\partial T_e}{\partial t} \sim - \frac{(T_e - T_i)\,N^2}{T_e^{3/2}}$$

$$Q \approx \alpha \frac{(T_e - T_i)\,N^2}{T_e^{3/2}}$$

mit $\alpha$ als Proportionalitätsfaktor. Daraus folgt:

$$\frac{T_e}{T_i} \approx \frac{1}{1 - \frac{Q}{\alpha}\,\frac{\sqrt{T_e}}{N^2}} \qquad (2)$$

Experimentelle Bestimmungen von $T_e$ und $T_i$ mit Hilfe der Incoherent-Backscatter-Technik [14], die bisher nur für das letzte Sonnenfleckenminimum ausgeführt wurden, ergaben, daß auch nachts $T_e/T_i > 1$ ist. Das bedeutet, daß auch nachts eine Wärmequelle Q vorhanden sein muß. Insbesondere fand J. V. EVANS [14] für die Äquinoktien des Sonnenfleckenminimums $T_e/T_i \approx 1,4$.

Nehmen wir mit J. E. GEISLER und S. A. BOWHILL [12] an, daß im Sonnenfleckenmaximum N um den Faktor 5 und Q um den Faktor 3 größer als im Sonnenfleckenminimum und $T_e$ konstant ist, so ergibt sich mit (2) für das Sonnenfleckenmaximum: $T_e/T_i = 1,04$.

Wir sind damit berechtigt, folgende Annahmen für die nächtliche F-Schicht im Sonnenfleckenmaximum zu machen: $T = T_i$ und $T_e/T_i = 1$. Änderungen von $T_e/T_i$ mit der Höhe können nicht berücksichtigt werden, da das vorliegende experimentelle Material hierüber keine näheren Aussagen zuläßt.

### 3.3 Zusammensetzung der neutralen Atmosphäre

Die Atmosphäre besteht im Bereich der F-Schicht (200 bis 500 km) zum überwiegenden Teil aus atomarem Sauerstoff O und molekularem Stickstoff $N_2$. In geringeren Höhen ist der molekulare Sauerstoff $O_2$ ein wichtiger zusätzlicher Bestandteil, während in größeren Höhen die leichteren Atome He und H zu überwiegen beginnen.

Bis zur Mesopause, die etwa in 85 km Höhe liegt, befinden sich die drei Bestandteile O, $O_2$ und $N_2$ infolge von Turbulenzen im Zustand vollständiger Durchmischung. Das ist gleichbedeutend damit, daß die relative Zusammensetung und damit das mittlere Molekulargewicht in dem gesamten Höhenbereich bis 85 km konstant sind. Oberhalb von etwa 120 km befinden sich alle Bestandteile im Diffusionsgleichgewicht, was bedeutet, daß mit zunehmender Höhe das mittlere Molekulargewicht ständig abnimmt. In dem dazwischen liegenden Höhenbereich (85 bis 120 km) wird die Zusammensetzung der Atmosphäre durch Turbulenzen, Diffusion und Dissoziation von molekularem Sauerstoff bestimmt.

Im Bereich vollständiger Entmischung, nach unseren Annahmen also oberhalb 120 km, gehorcht die Teilchenzahldichte $n_j$ eines jeden einzelnen Bestandteils unabhängig von den anderen Bestandteilen der barometrischen Höhenformel

$$n_j(h) = n_j(h_o) \frac{T(h_o)}{T(h)} \exp\left\{ -\int_{h_o}^{h} \frac{dh}{H_j} \right\} \quad (3)$$

$$H_j = \frac{RT}{M_j g} \quad (4)$$

$H_j$ ist die Skalenhöhe, $M_j$ das Molekulargewicht, R die universelle Gaskonstante und g die Erdbeschleunigung. Bei der praktischen Anwendung von Gleichung (3) auf den Höhenbereich der F-Schicht wollen wir für den molekularen Stickstoff $N_2$ anders vorgehen als für den atomaren Sauerstoff O.

1. Wir nehmen mit I. HARRIS und W. PRIESTER [8] an, daß die Stickstoffkonzentration in 120 km Höhe n ($N_2$; 120) konstant ist und wählen einen Wert von $3 \cdot 10^{11}\ cm^{-3}$, der sich als Mittelwert über die Ergebnisse von R. B. NORTON et al. [15], A. O. NIER et al. [16], H. E. HINTEREGGER [17] und A. A. POKHUNKOV [18] ergibt.

2. Die Sauerstoffkonzentration n (O; 120) wählen wir so, daß Gleichung (3) unter Anwendung des Temperaturverlaufs (1) in einer Höhe von 420 km die Sauerstoffkonzentration des Modells von I. HARRIS und W. PRIESTER [8], [9] ergibt. Dadurch ist gewährleistet, daß bei beliebiger Wahl der Temperatur $T_\infty$ stets die Neutralgasdichte unseres Modells, die in 420 km Höhe praktisch allein durch die Dichte des atomaren Sauerstoffs bestimmt wird, mit den durch die Satelliten-Abbremsungs-Technik gewonnenen Werten übereinstimmt.

## 3.4 Zusammensetzung der Ionosphäre

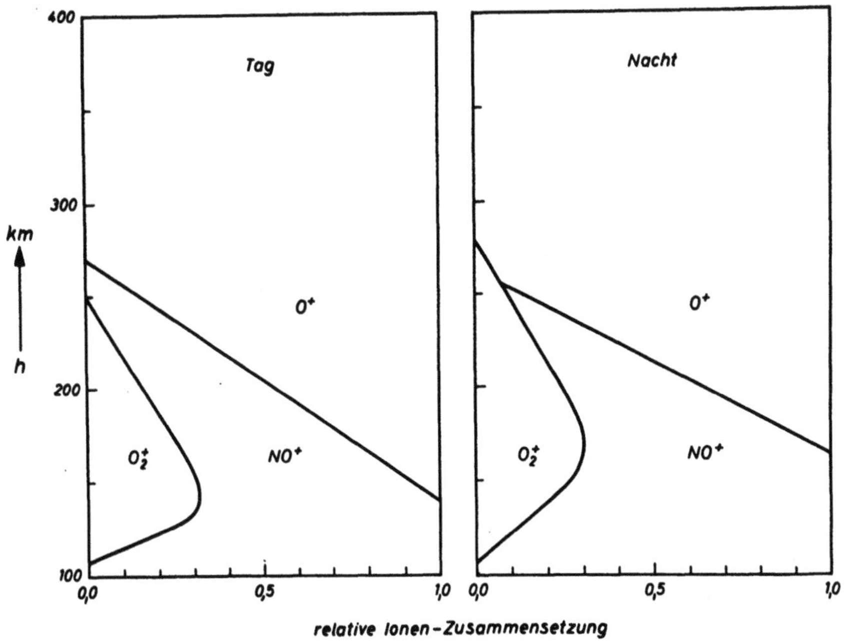


Massenspektrographische Messungen der Ionenzusammensetzung mit Hilfe von Raketen, die von C. Y. JOHNSON et al. [19], B. A. MIRTOV [20], H. A. TAYLOR und H. C. BRINTON [21], V. G. ISTOMIN und A. A. POKHUNKOV [22] durchgeführt wurden, ergeben ein recht klares und einheitliches Bild, obwohl die Raketenaufstiege an verschiedenen Orten und zu verschiedenen Zeiten stattfanden.

Abb. 2: Relative Ionen-Zusammensetzung in Abhängigkeit von der Höhe

Eine schematisierte Zusammenstellung dieser Ergebnisse, getrennt nach Tag und Nacht, ist in Abbildung 2 gegeben. Man entnimmt dieser Darstellung, daß oberhalb von 250 km die positiven Ionen zu über 90% aus $O^+$ bestehen. Wir wollen daher für die nächtliche F-Schicht mit der Beziehung $N = n(O^+)$ rechnen.

### 3.5 Zusammenfassung

Der Übersicht halber wollen wir noch einmal die einzelnen Merkmale unseres Modells der hohen Atmosphäre, das für die nächtliche F-Schicht in den Äquinoktien des Sonnenfleckenmaximums gelten soll, zusammenstellen:

1. Die Temperatur $T_o$ in 120 km Höhe ist konstant und beträgt 355°K.
2. Die Temperatur oberhalb von 120 km wird beschrieben durch

$$T(h) = T_o + (T_\infty - T_o)\left(1 - \exp\left\{-b(h-120) + c(h-120)^2\right\}\right) \qquad (1)$$

   wobei die Konstanten b und c durch Anpassung an die Temperaturen des Harris-Priesterschen Atmosphärenmodells bestimmt werden.
3. Die Temperatur $T_\infty$ wird als freier Parameter betrachtet, der so zu bestimmen ist, daß er zusammen mit anderen Parametern das Verhalten der nächtlichen F-Schicht richtig beschreibt.
4. Die Neutralgastemperatur T ist gleich der Ionentemperatur $T_i$.
5. Die Ionentemperatur $T_i$ ist gleich der Elektronentemperatur $T_e$, also $T_e/T_i = 1$.
6. Die Atmosphäre besteht im Bereich der F-Schicht aus atomarem Sauerstoff und molekularem Stickstoff.
7. Die Zahl der $N_2$-Moleküle pro $cm^3$ in 120 km Höhe ist konstant und beträgt $3 \cdot 10^{11}\, cm^{-3}$.
8. Die Zahl der O-Atome pro $cm^3$ in 420 km wird dem Harris-Priesterschen Atmosphärenmodell entnommen.
9. Die Ionosphäre enthält im Bereich der F-Schicht nur $O^+$-Ionen.

## 4. Theorie der nächtlichen F-Schicht

### 4.1 Die Kontinuitätsgleichung

Die zeitliche Änderung der Elektronenkonzentration N in einer bestimmten Höhe h ist gegeben durch die Zahl q der pro $cm^3$ und sec erzeugten Elektronen, durch die Zahl L der pro $cm^3$ und sec vernichteten Elektronen und durch die Divergenz des Elektronenflusses $N \cdot \underline{v}_e$ ($\underline{v}_e$ ist die mittlere Driftgeschwindigkeit der Elektronen). Damit lautet die Kontinuitätsgleichung:

$$\frac{\partial N}{\partial t} = q - L - \operatorname{div}(N \underline{v}_e) \qquad (5)$$

Der Term $\operatorname{div}(N\underline{v}_e)$ setzt sich aus mehreren Anteilen zusammen:

1. Ambipolare Diffusion
2. Driften durch elektromagnetische Kräfte
3. Thermische Oszillationen der Atmosphäre
4. Driften durch horizontale Neutralgaswinde

Die Kontinuitätsgleichung ist eine Differentialgleichung erster Ordnung in der Zeit und, wie wir sehen werden, zweiter Ordnung in der Höhe. Damit die Lösung eindeutig wird, ist es daher nötig, zu einem Anfangszeitpunkt ein N(h)-Profil sowie für jeden Zeitpunkt in zwei verschiedenen Höhen je einen Randwert oder in einer Höhe zwei Anfangswerte vorzugeben. Es empfiehlt sich, in einer großen Höhe (etwa 600 km) den Elektronenfluß $F = N \cdot \underline{v}_e$ vorzugeben, um damit den Einfluß der Protonosphäre auf die Ionosphäre zu berücksichtigen, sowie anzunehmen, daß in einer hinreichend niedrigen Höhe (etwa 200 km), wo der div-Term vernachlässigbar ist,

$$N(t) = N(t_o) + \int_{t_o}^{t} (q - L)\, dt$$

ist. Mit den einzelnen Termen der Kontinuitätsgleichung wollen wir uns in den folgenden Abschnitten beschäftigen. Außerdem soll in einem weiteren Abschnitt die Zahl der Stöße zwischen Ionen und Neutralgasteilchen, die von großer Bedeutung für den div-Term ist, berechnet werden.

Unseren Rechnungen wollen wir ein rechtwinkliges Koordinatensystem zugrunde legen, dessen Achsen nach Süden (x-Achse), nach Osten (y-Achse) und zum Zenit (h-Achse) weisen. Die Benennung der nach oben weisenden Achse mit h anstatt mit z soll Verwechslungen zwischen der Höhe h und der vielfach mit z bezeichneten reduzierten Höhe verhindern.

## 4.2 Elektronenverluste

### 4.21 Der chemische Mechanismus

Nach 3.3 und 3.4 setzt sich die Atmosphäre in Höhe der F-Schicht vorwiegend aus O und $N_2$ mit einer geringen Beimischung von $O_2$ sowie aus Elektronen $e^-$ und $O^+$-Ionen mit einer geringen Beimischung von $NO^+$- und $O_2^+$-Ionen zusammen. Zwischen diesen sieben Bestandteilen spielen sich folgende chemischen Prozesse ab [23] :

$$O^+ + N_2 \longrightarrow NO^+ + N \qquad k_1 \qquad (6a)$$

$$O^+ + O_2 \longrightarrow O_2^+ + O \qquad k_2 \qquad (6b)$$

$$NO^+ + e^- \longrightarrow N + O \qquad \alpha_1 \qquad (6c)$$

$$O_2^+ + e^- \longrightarrow O + O \qquad \alpha_2 \qquad (6d)$$

Die Folgereaktionen, an denen der atomare Sauerstoff O und und der atomare Stickstoff N beteiligt sind, brauchen hier nicht betrachtet zu werden, da sie keinen Einfluß auf die Elektronenverluste haben. Für die Elektronenverluste L ergibt sich nun:

$$L = \alpha_1\, n(NO^+)\, N + \alpha_2\, n(O_2^+)\, N. \qquad (7)$$

Zur Berechnung von $n(NO^+)$ und $n(O_2^+)$ hat man folgende Differentialgleichungen, die sich aus den Reaktionsgleichungen (6a) und (6c) bzw. (6b) und (6d) ergeben, zu lösen:

$$\frac{dn(NO^+)}{dt} = k_1 n(N_2)\, n(O^+) - \alpha_1 n(NO^+)\, N \qquad (8a)$$

$$\frac{dn(O_2^+)}{dt} = k_2 n(O_2)\, n(O^+) - \alpha_2 n(O_2^+)\, N \qquad (8b)$$

$\alpha_1 \cdot N$ und $\alpha_2 \cdot N$ liegen in der Größenordnung $10^{-3}$ sec$^{-1}$ und sind damit hinreichend groß, um eine rasche Einstellung des Gleichgewichtes, das durch ein Verschwinden der zeitlichen Ableitungen charakterisiert ist, zu ermöglichen. Im Gleichgewichtsfall ergibt sich:

$$n(NO^+) = \frac{k_1 \, n(N_2) \, n(O^+)}{\alpha_1 N} \tag{9a}$$

$$n(O_2^+) = \frac{k_2 \, n(O_2) \, n(O^+)}{\alpha_2 N} \tag{9b}$$

Für die Elektronenverluste erhalten wir, wenn wir (9a) und (9b) in (7) einsetzen und von der Voraussetzung $n(O^+) = N$ Gebrauch machen:

$$L = \left[k_1 \, n(N_2) + k_2 \, n(O_2)\right] N \tag{10}$$

Dieses ist ein Anlagerungsgesetz für die Elektronenverluste mit

$$\beta = k_1 \, n(N_2) + k_2 \, n(O_2) \tag{11}$$

als Anlagerungskoeffizient, obwohl die eigentlichen Elektronenverlustprozesse (6c) und (6d) reine Rekombinationsprozesse sind.

Der Anlagerungskoeffizient $\beta$ ist ein sehr wichtiger Parameter, da er nicht nur die Stärke der Abnahme von $N_m$ regelt, sondern auch einen bedeutenden Einfluß auf die Höhe des Schichtmaximums hat. Aus diesem Grunde ist es erforderlich, die Temperaturabhängigkeit von $\beta$ zu kennen, da die Temperatur im Laufe der Nacht abnimmt. Die Temperaturabhängigkeit der Teilchenzahldichten $n(N_2)$ und $n(O_2)$ ist durch Gleichung (3) gegeben. Es bleibt daher noch die Aufgabe, die Temperaturabhängigkeit der Reaktionskonstanten $k_1$ und $k_2$ zu untersuchen. Das soll nun mit den Mitteln der Stoßtheorie getan werden.

### 4.22 Stoßtheoretische Berechnung der Reaktionskonstante $k_r$ der Reaktion $X^+ + YZ \longrightarrow XY^+ + Z$

#### 4.221 Allgemeiner Zusammenhang zwischen der Reaktionskonstante $k_r$ und der Temperatur $T$.

Bei einer stoßtheoretischen Berechnung der Reaktionsgeschwindigkeit geht man davon aus, daß eine Reaktion nur bei einem Stoß der Reaktionspartner möglich ist. Die Reaktionsgeschwindigkeit der Reaktion

$$X^+ + YZ \longrightarrow XY^+ + Z$$

ergibt sich daher zu

$$\frac{dn(X^+)}{dt} = - Z$$

wenn $Z$ die Zahl der Stöße pro $cm^3$ und sec zwischen den Teilchen $X^+$ und $YZ$ ist. Andererseits ist

$$\frac{dn(X^+)}{dt} = - k_r \, n(X^+) \, n(YZ) \, ,$$

so daß sich für $k_r$ ergibt:

$$k_r = \frac{Z}{n(X^+) \, n(YZ)} \tag{12}$$

Nicht jeder Stoß führt zu einer Reaktion. Das hat zwei Gründe:

1. Eine Reaktion zwischen Molekülen kann während eines Stoßes nur dann erfolgen, wenn die an der Reaktion beteiligten Gruppen oder Bindungen einander nahekommen. Zur Angabe des Bruchteils

der Stöße, bei denen eine richtige Orientierung der Stoßpartner vorliegt, benutzt man den sterischen Faktor P, für den je nach Art der Reaktion ein Zahlenwert zwischen $10^{-2}$ und 1 zu erwarten ist. Wir wollen, wie es allgemein in der Stoßtheorie üblich ist, P als temperaturunabhängig annehmen.

2. Damit beim Stoß eine Reaktion erfolgen kann, müssen sich die Kerne der reagierenden Teilchen genügend nahekommen. Das macht einen Mindestwert A der relativen kinetischen Energie E erforderlich. A ist die sogenannte Aktivierungsenergie.

Damit Gleichung (12) trotzdem richtig bleibt, muß man unter Z von nun an nicht mehr die Gesamtzahl der Stöße, sondern die Zahl der wirksamen Stöße verstehen. Zwischen der wirksamen Stoßzahl, der relativen Geschwindigkeit v der beiden Stoßpartner und dem wirksamen Stoßquerschnitt Q besteht der leicht ersichtliche Zusammenhang

$$dZ = P\,Q\,v\,\overline{dn(X^+)\,dn(YZ)} \qquad (13)$$

$\overline{dn(X^+)\,dn(YZ)}$ ist das Produkt der Teilchenzahlen $X^+$ und YZ pro $cm^3$ mit einem Betrag der Relativgeschwindigkeit zwischen v und v + dv. Aus dem Maxwellschen Gesetz der Geschwindigkeitsverteilung folgt [24] :

$$\overline{dn(X^+)\,dn(YZ)} = 4\pi\,n(X^+)\,n(YZ)\left(\frac{\mu}{2\pi kT}\right)^{3/2} e^{-\frac{\mu v^2}{2kT}}\,v^2\,dv \qquad (14)$$

$\mu$ ist die reduzierte Masse der beiden Stoßpartner. Aus (12), (13) und (14) folgt für die Reaktionskonstante $k_r$:

$$k_r = 4\pi P\left(\frac{\mu}{2\pi kT}\right)^{3/2}\int_0^\infty Q\,v\,e^{-\frac{\mu v^2}{2kT}}\,v^2\,dv \qquad (15)$$

Als nächstes müssen wir die Abhängigkeit des wirksamen Stoßquerschnitts Q von der Relativgeschwindigkeit v untersuchen.

4.222 Berechnung des wirksamen Stoßquerschnitts Q

Im elektrostatischen Feld des Ions $X^+$ wird das Molekül YZ polarisiert. Ist das Molekül so klein oder soweit vom Ion $X^+$ entfernt, daß am Ort des Moleküls in einem Gebiet von der Größe des Moleküls das elektrische Feld als homogen betrachtet werden darf, so ist der Betrag des Dipolmoments p gegeben durch

$$p = \eta\,\frac{e}{r^2}$$

$\eta$ ist die Polarisierbarkeit des Moleküls YZ oder, genauer gesagt, der Mittelwert der Polarisierbarkeit über alle Raumrichtungen, da die Polarisierbarkeit eines Moleküls eine Tensorgröße ist. e ist die Elementarladung, r der Abstand zwischen den Teilchen. $e/r^2$ ist also die elektrische Feldstärke am Ort des Moleküls YZ. Das Dipolmoment führt zu einer anziehenden Kraft

$$K = -\frac{2\eta e^2}{r^5}$$

Folglich beträgt die gegenseitige potentielle Energie der beiden Teilchen

$$U(r) = -\frac{e^2\eta}{2r^4}$$

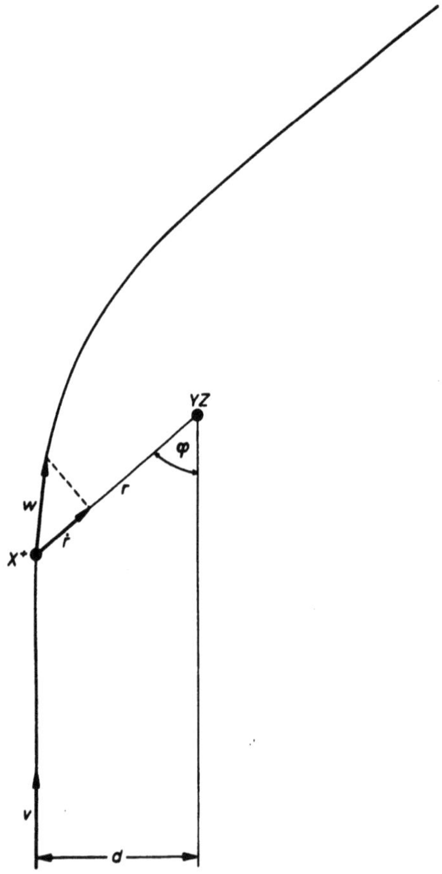


Ein solcher Potentialverlauf wurde von P. LANGEVIN [25] angenommen, um die Beweglichkeit von Ionen in Gasen zu berechnen.

Die relative Bewegung der Teilchen $X^+$ und YZ unter dem Einfluß des Potentials (16) soll studiert werden. Wir ordnen dem Teilchen YZ eine unendlich große Masse zu, um es als ruhend betrachten zu dürfen. Dann müssen wir dem Ion $X^+$ die reduzierte Masse $\mu$ des Systems geben. Im Unendlichen habe das Ion $X^+$ den Stoßparameter d und die Geschwindigkeit v, im Abstand r habe es die Geschwindigkeit w. Die Erhaltungssätze der Gesamtenergie und des Drehimpulses führen zu den Beziehungen

$$\frac{\mu}{2} w^2 + U = \frac{\mu}{2} v^2$$

$$\mu r^2 \dot{\varphi} = \mu v d$$

In einem Zentralfeld bewegt sich ein Teilchen auf einer ebenen Bahn. Man kann daher w in ebenen Polarkoordinaten ausdrücken.

$$w^2 = \dot{r}^2 + r^2 \dot{\varphi}^2$$

Eine Zusammenfassung dieser drei Gleichungen ergibt

$$\dot{r}^2 = v^2 + \frac{e^2 \eta}{\mu r^4} - \frac{v^2 d^2}{r^2} \qquad (17)$$

Mit der Abkürzung

$$d_o = \left( \frac{4e^2 \eta}{\mu v^2} \right)^{1/4} \qquad (18)$$

nimmt (17) die Gestalt

$$\dot{r}^2 = v^2 \left[ 1 + \frac{d_o^4}{4r^4} - \frac{d^2}{r^2} \right] \qquad (19)$$

an. $d_o$ ist nicht nur eine nützliche Abkürzung, sondern hat, wie wir sehen werden, auch eine wichtige physikalische Bedeutung. Um die folgenden Rechenschritte anschaulich nachvollziehen zu können, sei zunächst in Abbildung 3 eine qualitative Darstellung der Funktion $\dot{r}^2(r)$ gegeben.

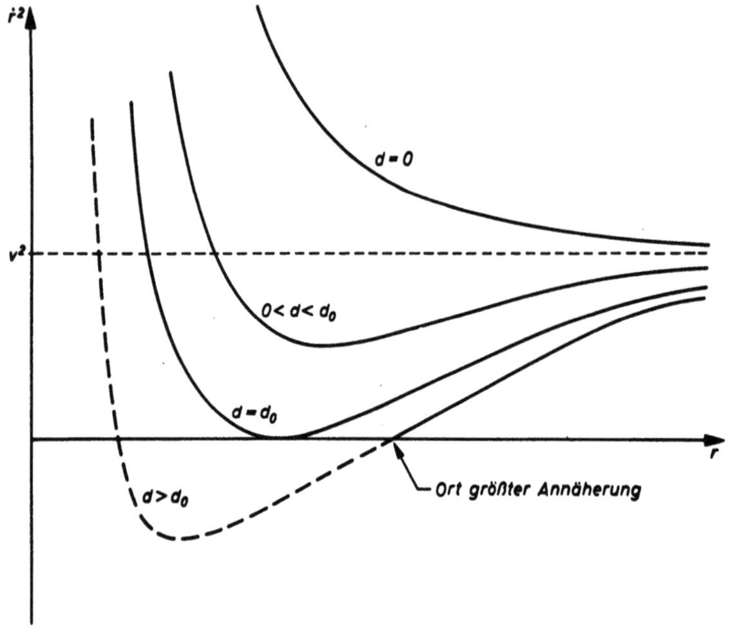


Abb. 3: $\dot{r}^2$ in Abhängigkeit von r für verschiedene Stoßparameter

Der Teilchenabstand $r_{min}$, bei dem $\dot{r}^2$ ein Minimum hat, ist gegeben durch

$$r^2_{min} = \frac{e}{v}\sqrt{\frac{\eta}{\mu}}\;\frac{d_o^2}{d^2} \qquad (20)$$

$\dot{r}^2$ nimmt im Minimum den Wert

$$\dot{r}^2_{min} = v^2\left(1 - \frac{d^4}{d_o^4}\right) \qquad (21)$$

an. Bei Vergößerung (bzw. Verkleinerung) von v verschieben sich die Minima nach links (bzw. nach rechts).

Der zu einem vorgegebenen Paar d, v gehörende Ort größter Annäherung r' ist durch die Bedingung $\dot{r}^2(r') = 0$ gegeben. Daraus folgt:

$$r'^2 = \frac{d^2}{2} + \frac{1}{2}\sqrt{d^4 - d_o^4} \qquad (22)$$

Die mathematisch ebenfalls mögliche Lösung

$$r''^2 = \frac{d^2}{2} - \frac{1}{2}\sqrt{d^4 - d_o^4}$$

ist, wie man aus Abbildung 3 ersieht, physikalisch sinnlos, da für alle r mit $r'' < r < r'$ die Radialgeschwindigkeit $\dot{r}$ komplex wird.

Aus (22) kann man ablesen: Ist $d < d_o$, so gibt es keinen Ort, an dem $\dot{r}^2 = 0$ wird. Das bedeutet, daß das Ion $X^+$ von dem Molekül YZ eingefangen wird, wobei es sich auf einer immer enger werdenden Spiralbahn bewegt. Die dadurch bedingte geringfügige Vergrößerung der mittleren freien Weglänge wollen wir hier nicht berücksichtigen. Ist dagegen $d \geqq d_o$, so kommen sich die Teilchen nicht näher als

$$r_o = \frac{d_o}{\sqrt{2}} = \left(\frac{e^2\eta}{\mu v^2}\right)^{1/4} \qquad (23)$$

$d_o$ hat also die Bedeutung eines kritischen Stoßparameters. Abbildung 4 zeigt in einer qualitativen Darstellung einige Teilchenbahnen.

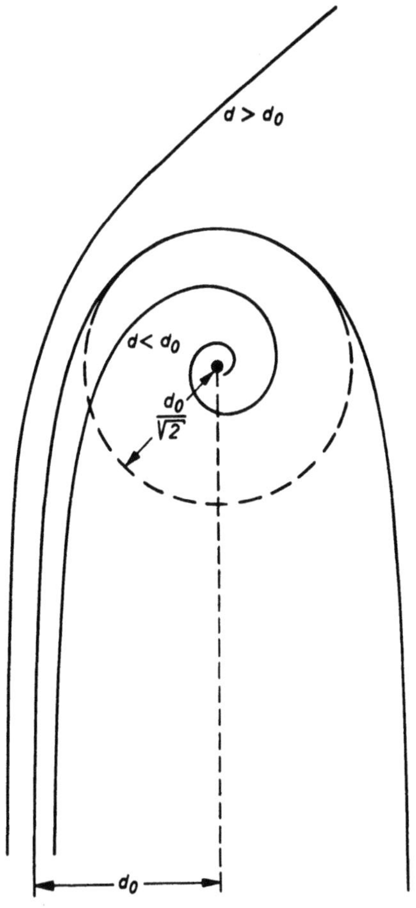


Abb. 4: Bahnen des Ions $X^+$ für verschiedene Werte des Stoßparameters d aus der Sicht eines in YZ ruhenden Beobachters

Die Teilchen $X^+$ und YZ haben eine endliche Ausdehnung. $\sigma$ sei die Summe der Teilchenradien. Damit ein gegenseitiges Einfangen der beiden Teilchen möglich ist, muß $r_o > \sigma$ sein. Die Bedingung $r_o > \sigma$ läßt sich in eine Bedingung für die Geschwindigkeit umrechnen. Führen wir eine Geschwindigkeit

$$v_o = \frac{e}{\sigma^2}\sqrt{\frac{\eta}{\mu}} \qquad (24)$$

ein, so ergibt sich aus (23), daß $\sigma \geqq r_o$ für $v \geqq v_o$ und $\sigma < r_o$ für $v < v_o$ ist:

$$\sigma \geqq r_o \quad \text{für} \quad v \geqq v_o\,, \qquad \sigma < r_o \quad \text{für} \quad v < v_o \qquad (25)$$

Die beiden Teilchen $X^+$ und YZ stoßen zusammen, wenn sie sich bis auf den Abstand $\sigma$ genähert haben. Damit ein Stoß zu einer Reaktion führen kann, muß die relative kinetische Energie $\frac{\mu}{2}\dot{r}^2$ im Augenblick des Stoßes, d.h. bei $r = \sigma$, mindestens gleich der Aktivierungsenergie A sein. Somit berechnet sich der wirksame Stoßquerschnitt Q nach (17) aus der Beziehung

$$\frac{2A}{\mu} = v^2 + \frac{e^2\eta}{\mu\sigma^4} - \frac{v^2 d^2}{\sigma^2} \tag{26}$$

Führen wir noch den geometrischen Stoßquerschnitt

$$Q_o = \pi\sigma^2 \tag{27}$$

ein, so ergibt sich aus (24), (26) und (27):

$$Q = Q_o\left[1 + \frac{v_o^2}{v^2}\left(1 - \frac{2A}{\mu v_o^2}\right)\right] \tag{28}$$

Gleichung (28) muß noch in zweifacher Hinsicht modifiziert werden, denn Q muß den folgenden Bedingungen genügen:

1. Q darf nicht negativ werden. Diese Bedingung ist erfüllt, wenn

$$v \geqq v_1 = \sqrt{\frac{2A}{\mu} - v_o^2} \tag{29}$$

ist.

2. Für $v < v_o$ muß $d \leqq d_o$ bzw. $Q \leqq \pi d_o^2$ sein, denn andernfalls kommen sich die Teilchen nicht näher als $r_o$, was wegen $\sigma < r_o$ bedeutet, daß kein Stoß erfolgen kann. Damit (28) richtig bleibt, muß also

$$v \geqq v_2 = v_o - \sqrt{\frac{2A}{\mu}} \tag{30}$$

sein. Andernfalls ist $Q = \pi d_o^2$.

Aus den Beziehungen (28), (29) und (30) ergibt sich nun folgende Darstellung für den wirksamen Stoßquerschnitt Q in Abhängigkeit von der Relativgeschwindigkeit v:

1. Für den Fall $A \geqq \frac{\mu}{2} v_o^2$

$$\begin{aligned} Q(v) &= 0 && \text{für } 0 \leqq v \leqq v_1 \\ Q(v) &= Q_o\left[1 + \frac{v_o^2}{v^2}\left(1 - \frac{2A}{\mu v_o^2}\right)\right] && \text{für } v_1 \leqq v \leqq \infty \end{aligned} \tag{31}$$

2. Für den Fall $A \leqq \frac{\mu}{2} v_o^2$

$$\begin{aligned} Q(v) &= \pi d_o^2 = 2Q\frac{v_o}{v} && \text{für } 0 \leqq v \leqq v_2 \\ Q(v) &= Q_o\left[1 + \frac{v_o^2}{v^2}\left(1 - \frac{2A}{\mu v_o^2}\right)\right] && \text{für } v_2 \leqq v \leqq \infty \end{aligned} \tag{32}$$

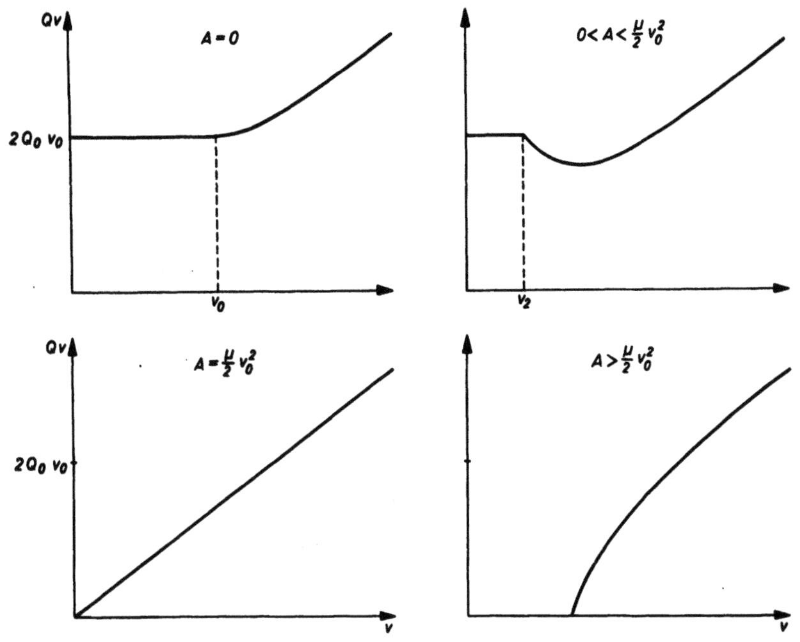


Abb. 5: Q v in Abhängigkeit von v für vier verschiedene Aktivierungsenergien

Wie man den Gleichungen (13) und (15) erkennt, bestimmt nicht der Stoßquerschnitt Q allein, sondern das Produkt aus Stoßquerschnitt und Relativgeschwindigkeit Q v die Größe der Reaktionskonstante. Q · v in Abhängigkeit von v ist in Abbildung 5 dargestellt.

Für den Fall $0<A<\frac{\mu}{2} v_o^2$ besitzt Q · v ein Minimum bei der Geschwindigkeit

$$v_{min} = v_o \sqrt{1 - \frac{2A}{\mu v_o^2}}$$

Das hat zur Folge, daß für diesen Fall die Reaktionskonstante $k_r$ in Abhängigkeit von der Temperatur ebenfalls ein Minimum besitzt.

### 4.223 Berechnung der Reaktionskonstante $k_r$

Die Reaktionskonstante $k_r$ ergibt sich aus den Gleichungen (15), (31) und (32). Zuvor sollen einige weitere Abkürzungen eingeführt werden:

$$u = \sqrt{\frac{\mu v^2}{2kT}} \qquad (33)$$

$$u_o = \sqrt{\frac{\mu v_o^2}{2kT}} \left( 1 - \sqrt{\frac{2A}{\mu v_o^2}} \right) \qquad (34)$$

$$k_o = 2 Q_o v_o = 2 \pi e \sqrt{\frac{\eta}{\mu}} \qquad (35)$$

Damit erhalten wir für $k_r$:

1. Für den Fall $A \geqq \frac{\mu}{2} v_o^2$

$$k_r = PQ_o \left( \frac{8kT}{\pi\mu} \right)^{1/2} e^{-\frac{A - \frac{\mu}{2} v_o^2}{kT}} \qquad (36)$$

2. Für den Fall $A \leqq \frac{\mu}{2} v_o^2$

$$k_r = Pk_o \left[ \frac{2}{\sqrt{\pi}} \int_0^{\mu_o} e^{-u^2} du + \frac{1}{2v_o} \left( \frac{8kT}{\pi\mu} \right)^{1/2} \exp - \frac{\mu v_o^2}{2kT} \left( 1 - \sqrt{\frac{2A}{\mu v_o^2}} \right)^2 \right] \qquad (37)$$

Für $A = \frac{\mu}{2} v_o^2$ gehen die Ausdrücke (36) und (37) ineinander über.

Die Gleichungen (36) und (37) beinhalten drei interessante Grenzfälle:

1. Es sei $A = 0$ und $T$ hinreichend klein (das bedeutet etwa $T < 5000^\circ K$). Dann ist

$$k_r = k_o = 2\pi e \sqrt{\frac{\eta}{\mu}} \tag{38}$$

Dieses Ergebnis wurde bereits von G. GIOUMOUSIS und D. P. STEVENSON [26] hergeleitet und an einigen Wasserstoffreaktionen experimentell geprüft, wobei sich eine teilweise erstaunlich gute Übereinstimmung zwischen dem theoretischen und dem experimentellen Ergebnis zeigte.

2. Für eine Reaktion vom Typ $X + YZ \rightarrow XY + Z$ ist $v_o = 0$. Die Reaktionskonstante hat somit den Wert

$$k_r = PQ_o \left( \frac{8kT}{\pi\mu} \right)^{1/2} e^{-\frac{A}{kT}} \tag{39}$$

Diese Beziehung stimmt mit Gleichung (33) bei A. A. FROST und R. G. PEARSON [24] überein.

3. Ist für die Reaktion $X^+ + YZ \rightarrow XY^+ + Z$ die Aktivierungsenergie $A = \frac{\mu}{2} v_o^2$, so ist die Reaktionskonstante genauso groß wie für die Reaktion $X + YZ \rightarrow XY + Z$ im Falle $A = 0$.

Dieser letzte Punkt läßt sich folgendermaßen verallgemeinern: Ist $A \geq \frac{\mu}{2} v_o^2$, so geht die Formel für die Reaktionskonstante der Reaktion $X + YZ \rightarrow XY + Z$ in die für die Reaktion $X^+ + YZ \rightarrow XY^+ + Z$ über, wenn man die Aktivierungsenergie $A$ durch die effektive Aktivierungsenergie $A' = A - \frac{\mu}{2} v_o^2$ ersetzt. Die anziehenden elektrostatischen Kräfte zwischen Ionen und Molekülen führen also zu einer scheinbaren Verringerung der Aktivierungsenergie um $\frac{\mu}{2} v_o^2$. Für die Reaktionen (6a) und (6b) beträgt $\frac{\mu}{2} v_o^2$ etwa 5.5 kcal/Mol.

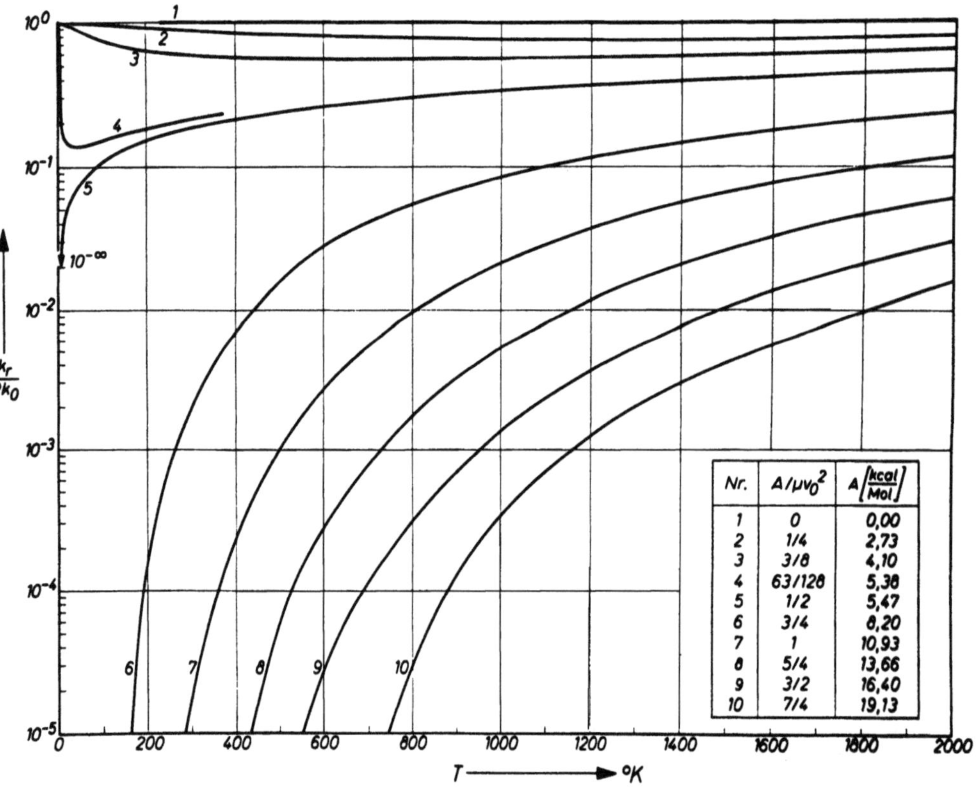


| Nr. | $A/\mu v_o^2$ | $A$ [kcal/Mol] |
|---|---|---|
| 1 | 0 | 0,00 |
| 2 | 1/4 | 2,73 |
| 3 | 3/8 | 4,10 |
| 4 | 63/128 | 5,38 |
| 5 | 1/2 | 5,47 |
| 6 | 3/4 | 8,20 |
| 7 | 1 | 10,93 |
| 8 | 5/4 | 13,66 |
| 9 | 3/2 | 16,40 |
| 10 | 7/4 | 19,13 |

Abb. 6: Reaktionskonstante $k_r$ der Reaktion $O^+ + N_2 \rightarrow NO^+ + N$ in Abhängigkeit von der Temperatur für verschiedene Werte der Aktivierungsenergie

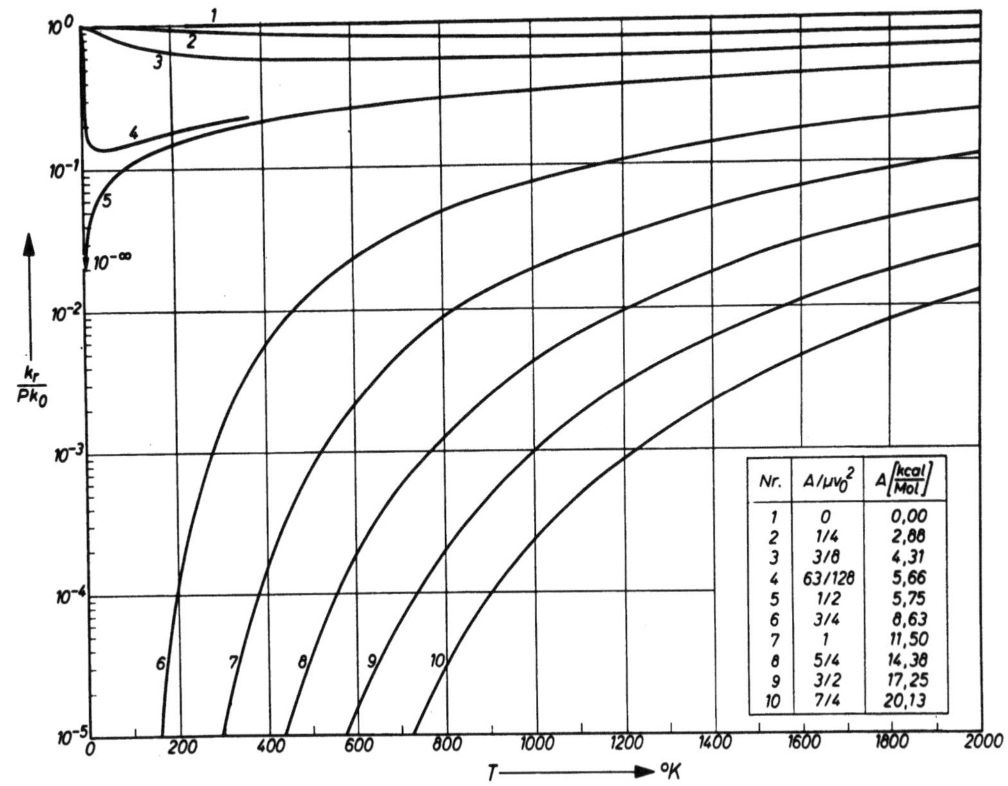


Abb. 7: Reaktionskonstante $k_r$ der Reaktion $O^+ + O_2 \rightarrow O_2^+ + O$ in Abhängigkeit von der Temperatur für verschiedene Werte der Aktivierungsenergie

Eine zeichnerische Darstellung der Reaktionskonstante $k_r$ der Reaktionen (6a) und (6b) in Abhängigkeit von der Temperatur T für verschiedene Werte der Aktivierungsenergie A ist in den Abbildungen 6 und 7 gegeben. Die benötigten Konstanten wurden dem Gmelinschen Handbuch der Anorganischen Chemie [27] entnommen.

Wie man aus den Abbildungen 6 und 7 erkennt, besitzt $k_r(T)$ für den Fall $A < \frac{\mu}{2} v_o^2$ ein Minimum, das besonders deutlich ausgeprägt ist, wenn A nur wenig kleiner als $\frac{\mu}{2} v_o^2$ ist.

### 4.23 Abschätzung der Aktivierungsenergie

Wir wollen den Anlagerungskoeffizienten in unseren späteren Rechnungen ebenso wie die Temperatur $T_\infty$ als freien Parameter betrachten, so daß wir den sterischen Faktor P, der im wesentlichen den Absolutwert von $\beta$ bestimmt, nicht zu kennen brauchen. Dagegen müssen wir die Aktivierungsenergie A kennen, um zu wissen, wie stark $\beta$ von der Temperatur abhängt.

Für eine exakte Bestimmung der Aktivierungsenergie muß man die Reaktionskonstante für zwei verschiedene Temperaturen kennen. Bisher wurden Messungen nur für eine Temperatur von etwa 300°K ausgeführt. Nach G.F.O. LANGSTROTH und J.B. HASTED [28] ist

$$k_1 = (4.7 \pm 0.5)\ 10^{-12} \quad cm^3 sec^{-1}$$

$$k_2 = (1.8 \pm 0.2)\ 10^{-12} \quad cm^3 sec^{-1}$$

und nach F.C. FEHSENFELD et al. [29]

$$k_1 = (3 \pm 1)\ 10^{-12} \quad cm^3 sec^{-1}$$

Mit Hilfe dieser Werte und der Gleichungen (31) und (32) ist eine Bestimmung der Aktivierungsenergien $A_1$ und $A_2$ der Reaktionen (6 a) und (6 b) nur dann möglich, wenn man zusätzliche Aussagen über den sterischen Faktor P macht. Auf Grund von Erfahrungen mit anderen Reaktionen kann man annehmen, daß P zwischen 0.1 und 1 liegt. Dann ergibt sich:

(a) $A_1 = (7.0 \pm 0.7)$ kcal/Mol

(b) $A_2 = (7.8 \pm 0.8)$ kcal/Mol

Eine weitere, aber noch weniger genaue Methode zur Bestimmung der Aktivierungsenergie ermöglicht die Hirschfelder-Regel [30]. Die Hirschfelder-Regel ist eine semi-empirische Regel der physikalischen Chemie, die folgendes besagt: Die Aktivierungsenergie einer exothermen Reaktion vom Typ $X + YZ \longrightarrow XY + Z$ beträgt 5.5% der Bindungsenergie der Verbindung YZ. Durch Anwendung dieser Regel auf unsere Reaktionen (6 a) und (6 b) erhalten wir

(c) $A_1 = 9.4$ kcal/Mol

(d) $A_2 = 5.3$ kcal/Mol

Da $k_1$ und $k_2$ in der gleichen Größenordnung liegen [28], während $n(N_2) \gg n(O_2)$ ist, vereinfacht sich Gleichung (11) zu

$$\beta = k_1\, n(N_2) \tag{40}$$

Nehmen wir für $A_1$ den Wert (a), so erhalten wir für den temperaturabhängigen Anteil der Reaktionskonstante $k_1$:

$$k_1 \sim \sqrt{T}\; e^{-\frac{750}{T}}$$

Nimmt die Temperatur T beispielsweise von 1400°K auf 1200°K ab, so nimmt $k_1$ um etwa 16% ab. Diese Abnahme ist wesentlich kleiner als die entsprechende Abnahme von $n(N_2)$. Wir dürfen daher als weitere Voraussetzung für unsere Rechnung annehmen, daß die Reaktionskonstante $k_1$ im Laufe einer Nacht konstant bleibt.

## 4.3 Zahl der Stöße zwischen Ionen und Neutralgasteilchen

Im folgenden werden wir des öfteren die Stoßzahl zwischen Ionen und Neutralgasteilchen benötigen. Wir wollen unter $\nu(X^+, YZ)$ die Zahl der Stöße verstehen, die ein bestimmtes Ion der Sorte $X^+$ pro sec mit den Teilchen YZ ausführt. Die theoretische Behandlung der Reaktion $X^+ + YZ \rightarrow XY^+ + Z$ in Abschnitt 4.22 gibt uns die Möglichkeit, die Stoßzahl $\nu(X^+, YZ)$ auf rein theoretischem Wege zu berechnen.

Die in Abschnitt 4.221 eingeführte Stoßzahl Z hängt mit $\nu(X^+, YZ)$ durch

$$\nu(X^+, YZ) = \frac{Z}{n(X^+)}$$

zusammen. Aus (12) folgt daher:

$$\nu(X^+, YZ) = k_r\, n(YZ) \tag{41}$$

Unter $k_r$ ist hier die Reaktionskonstante für den Fall A = 0 und P = 1 zu verstehen, da nach der Gesamtzahl der Stöße gefragt ist und nicht, wie in Abschnitt 4.22, nach der Zahl der Stöße, die zu einer Reaktion führen. Mit Hilfe von Gleichung (37) erhält man dann

$$\nu(X^+, YZ) = k_o\, n(YZ) \left[ \frac{2}{\sqrt{\pi}} \int_0^{\mu_o} e^{-u^2} du + \frac{1}{2v_o} \left( \frac{8kT}{\pi\mu} \right)^{1/2} e^{-\frac{\mu v_o^2}{2kT}} \right] \qquad (42)$$

Für hinreichend kleine Temperaturen wird $\nu(X^+, YZ)$ temperaturunabhängig und geht über in

$$\nu(X^+, YZ) = k_o\, n(YZ) = 2\pi e \sqrt{\frac{\eta}{\mu}}\, n(YZ) \qquad (43)$$

Bei einer Temperatur von 2000°K begehen wir einen Fehler von 3%, wenn wir anstelle der exakten Gleichung (42) die Näherung (43) benutzen. Für sehr hohe Temperaturen ist die Stoßzahl proportional zu $T^{1/2}$. Der Grund dafür liegt darin, daß für hohe Temperaturen der konstante geometrische Stoßquerschnitt die Stoßzahl bestimmt, während bei kleinen Temperaturen der "elektrostatische" Stoßquerschnitt, der indirekt proportional zu v ist (s. hierzu Abb. 5 für den Fall A = 0), allein maßgebend wird.

Gleichung (43) gestattet eine Berechnung der Stoßzahl $\nu(X^+, YZ)$ ohne Kenntnis der nur recht ungenau bekannten gaskinetischen Teilchenradien. Dagegen sind die Konstanten $\eta$ und $\mu$ sehr genau bekannt. Die Zahlenwerte für einige wichtige Stoßprozesse sind:

| | | | |
|---|---|---|---|
| (a) | $\nu(O^+, O)$ | $= 0{,}82 \cdot 10^{-9}$ | $sec^{-1}$ |
| (b) | $\nu(O^+, O_2)$ | $= 0{,}91 \cdot 10^{-9}$ | $sec^{-1}$ |
| (c) | $\nu(O^+, N_2)$ | $= 0{,}97 \cdot 10^{-9}$ | $sec^{-1}$ |
| (d) | $\nu(NO^+, O)$ | $= 0{,}72 \cdot 10^{-9}$ | $sec^{-1}$ |
| (e) | $\nu(NO^+, O_2)$ | $= 0{,}75 \cdot 10^{-9}$ | $sec^{-1}$ |
| (f) | $\nu(NO^+, N_2)$ | $= 0{,}81 \cdot 10^{-9}$ | $sec^{-1}$ |

Messungen der Stoßzahl $\nu(O^+, O)$ von R. F. STEBBINGS et al. [31] ergaben:

| | | |
|---|---|---|
| T = 500°K | $\nu(O^+, O) = 0{,}57 \cdot 10^{-9}$ | $sec^{-1}$ |
| T = 700°K | $\nu(O^+, O) = 0{,}63 \cdot 10^{-9}$ | $sec^{-1}$ |
| T = 1000°K | $\nu(O^+, O) = 0{,}73 \cdot 10^{-9}$ | $sec^{-1}$ |
| T = 2000°K | $\nu(O^+, O) = 1{,}00 \cdot 10^{-9}$ | $sec^{-1}$ |

Der theoretische Wert (a) stimmt, was den Absolutwert anbetrifft, sehr gut mit diesen experimentellen Werten überein; bei einer Temperatur von 1330°K ist die Übereinstimmung vollkommen. Es gibt jedoch nicht die gemessene Temperaturabhängigkeit wieder, die sich etwa durch

$$\nu(O^+, O) = 4{,}6 \cdot 10^{-11}\, T^{0,4}\, n(O) \qquad sec^{-1}$$

beschreiben läßt. Vermutlich liegt das an der Vernachlässigung von Symmetrieeffekten, die nach A. DALGARNO [32] von großer Bedeutung für den Stoßprozess $O^+ + O$ sind. Während die von A. DALGARNO berechneten Stoßzahlen die gemessene Temperaturabhängigkeit gut beschreiben, sind sie im Absolutwert um den Faktor 3 zu klein. Wir wollen unseren weiteren Rechnungen die Werte (a) und (c) zugrunde legen.

## 4.4 Der div-Term unter Berücksichtigung der Neutralgasmitbewegung

Wie wir in Abschnitt 4.1 sahen, setzt sich die Driftgeschwindigkeit der Elektronen und Ionen im allgemeinen aus vier Anteilen zusammen. Wenn das Neutralgas, in das das Plasma eingebettet ist, unbeweglich ist, sind die einzelnen Geschwindigkeiten leicht zu berechnen, und die Gesamtgeschwindigkeit ist durch die Summe der Einzelgeschwindigkeiten gegeben. Berücksichtigt man dagegen die Mitnahme des Neutralgases durch das bewegte Plasma und rückwirkend die Mitnahme des Plasmas durch das bewegte Neutralgas, so sind die einzelnen Geschwindigkeiten nicht mehr unabhängig voneinander, da sie sich gegenseitig über die Wirkung auf das Neutralgas beeinflussen. Zu einfachen Ergebnissen führt hier lediglich der stationäre Fall (Neutralgasgeschwindigkeit ist zeitunabhängig) unter gleichzeitiger Vernachlässigung der inneren Reibung im Neutralgas (J.P.DOUGHRTY [33] ). Dieser Fall ist jedoch ohne praktische Bedeutung, und zwar aus folgenden Gründen:

1. Die Einstellzeit des Gleichgewichts ist zu lang. Eine Skalenhöhe unter dem Schichtmaximum beträgt sie für die nächtliche F-Schicht etwa fünf Stunden.
2. Damit sich ein Gleichgewicht einstellen kann, müssen sämtliche Parameter, die einen Einfluß auf die Neutralgasgeschwindigkeit haben, zeitunabhängig sein.
3. Da die Elektronendichte die Stärke der Neutralgasmitnahme regelt, ist ein Gleichgewicht nur dann möglich, wenn auch die Elektronendichte zeitunabhängig ist. Eine solche Bedingung ist in der F-Schicht im allgemeinen jedoch nicht erfüllt.
4. Die Vernachlässigung der inneren Reibung im Neutralgas ist nicht statthaft, denn etwa oberhalb des Schichtmaximums ist sie die überwiegende Kraft.

Aus diesen Gründen ist es nötig, das Problem der Neutralgasmitnahme zeitabhängig und mit Berücksichtigung der inneren Reibung zu betrachten.

### 4.41 Aufstellung der Bewegungsgleichungen für die Ionen und Elektronen

Die Geschwindigkeit der Ionen und Elektronen unter der Einwirkung eines Druckgradienten, der Schwerkraft, einer elektromagnetischen Kraft und einer Reibungskraft gehorcht den Differentialgleichungen

$$\rho_i \frac{d\underline{v}_i}{dt} + 2N\nu_{in}\mu_{in}(\underline{v}_i - \underline{v}_n) = -k\,\mathrm{grad}\,(NT_i) + \rho_i\,\underline{g} + Ne(\underline{E} + \underline{v}_i \times \underline{B}) \quad (44)$$

$$\rho_e \frac{d\underline{v}_e}{dt} + N\nu_{en}m_e(\underline{v}_e - \underline{v}_n) = -k\,\mathrm{grad}\,(NT_e) + \rho_e\,\underline{g} - Ne(\underline{E} + \underline{v}_e \times \underline{B}) \quad (45)$$

Die Indices i, e, n beziehen sich auf die Ionen, die Elektronen und die Neutralgasteilchen. Es bedeuten:

| | | |
|---|---|---|
| $\rho$ | = | Massendichte |
| m | = | Teilchenmasse |
| $\mu$ | = | reduzierte Masse |
| $\underline{v}$ | = | $(v_x, v_y, v_h)$ = mittlere Driftgeschwindigkeit |
| $\underline{g}$ | = | (0, 0, -g) = Erdbeschleunigung |
| $\underline{B}$ | = | $(-B\cdot\cos\vartheta, 0, -B\cdot\sin\vartheta)$ = Kraftflußdichte des Erdmagnetfeldes |
| $\vartheta$ | = | Inklination des Erdmagnetfeldes, auf der Nordhalbkugel positiv |
| $\underline{E}$ | = | $(E_x, E_y, 0)$ = elektrische Feldstärke |
| k | = | Boltzmann-Konstante |
| e | = | Elementarladung |

In den Gleichungen (44) und (45) wurden nicht berücksichtigt:

1. Der Reibungsterm zwischen Elektronen und Ionen
2. Die einzelnen Terme der inneren Reibung
3. Die Corioliskraft

Eine ausführliche Diskussion der Gleichungen (44) und (45), insbesondere der Vernachlässigung, gibt R. RÜSTER [34].

Die Anwendung der aus der Hydrodynamik stammenden Gleichungen (44) und (45) auf verdünnte Gase setzt voraus, daß die Zeit $\tau_1$, die zwischen zwei Teilchenzusammenstößen vergeht, klein ist gegen die Zeit $\tau_2$, in der sich makroskopische Größen des Systems ändern. Eine solche charakteristische Zeit $\tau_2$ beträgt in einer ungestörten Ionosphäre, die nur dem normalen Tagesgang unterworfen ist, mehrere Stunden, während $\tau_1$ in der Größenordnung 1 sec liegt. Aus der Beziehung $\tau_2 \gg \tau_1$ läßt sich eine Vereinfachung der Gleichungen (44) und (45) herleiten, die von größter Bedeutung für deren praktischen Gebrauch ist:

Zunächst wollen wir Gleichung (44) für eine beliebige Komponente schematisiert in folgender Form darstellen:

$$\frac{dv_i}{dt} = -a(t)v_i + b(t)$$
$$a(t) = \frac{2N\nu_{in}\mu_{in}}{\rho_i} \qquad (46)$$

Da $\tau_2 \gg \tau_1$ ist, läßt sich ein Zeitabschnitt $\tau_3$ finden, der einerseits soviel größer als $\tau_1$ ist, daß Gleichung (46) angewendet werden darf, andererseits aber soviel kleiner als $\tau_2$ ist, daß man innerhalb dieses Zeitabschnittes a und b als konstant betrachten kann:

$$\frac{dv_i}{dt} = -av_i + b$$

Die Lösung dieser Differentialgleichung lautet:

$$v_i(t) = \frac{b}{a} + \left(v_i(t_o) - \frac{b}{a}\right)e^{-a(t-t_o)}$$

Daraus folgt, daß $\frac{dv_i}{dt}$ mit der charakteristischen Zeit $\tau_4 = \frac{1}{a}$ gegen Null geht. Da $\tau_1 = \frac{1}{\nu_{in}}$, $\rho_i = N \cdot m_i$ und $\mu_{in} \approx \frac{1}{2} m_i$ ist, ergibt sich:

$$\tau_4 \approx \tau_1$$

Somit ist auch $\tau_4 \ll \tau_2$. Wir dürfen deshalb $\frac{d\underline{v}_i}{dt}$ und ebenso $\frac{d\underline{v}_e}{dt}$ in den Gleichungen (44) und (45) vernachlässigen. Diese Vernachlässigung ist lediglich dann für einen Zeitraum der Größenordnung $\tau_1$ falsch, wenn sich eine makroskopische Größe des Systems plötzlich, d.h. mit einer charakteristischen Zeit der Größenordnung von $\tau_1$, ändert. Weiterhin können wir in Gleichung (45) wegen der geringen Elektronenmasse den Reibungsterm und den Gravitationsterm vernachlässigen. Dann ergibt sich:

$$2N\nu_{in}\mu_{in}(\underline{v}_i - \underline{v}_n) = -k\,\mathrm{grad}\,(NT_i) + \rho_i\underline{g} + Ne(\underline{E} + \underline{v}_i \times \underline{B}) \qquad (47)$$

$$0 = -k\,\mathrm{grad}\,(NT_e) - Ne(\underline{E} + \underline{v}_e \times \underline{B}) \qquad (48)$$

Da die Verteilung der Elektronen und Ionen in h-Richtung nicht homogen ist, hat eine Bewegung der Elektronen und Ionen in h-Richtung mit verschiedener Geschwindigkeit ein elektrisches Polarisationsfeld zur Folge, das innerhalb kurzer Zeit eine Angleichung der beiden Geschwindigkeiten bewirkt. Daher dürfen wir annehmen:

$$v_{ih} = v_{eh} \tag{49}$$

Mit der Voraussetzung (49) ergibt sich aus (47) und (48), wenn wir noch die Beziehung $v_{in}/\omega_i \ll 1$ ($\omega_i$ = Gyrofrequenz der Ionen), die in der F-Schicht bis etwa eine Skalenhöhe unter dem Schichtmaximum erfüllt ist, berücksichtigen:

$$v_{ex} = v_{ix} = -\frac{E_y}{B}\sin\vartheta + v\cot\vartheta + v_{nx}\cos^2\vartheta + v_{nk}\sin\vartheta\cos\vartheta \tag{50}$$

$$v_{ey} = v_{iy} = \frac{E_x}{B}\operatorname{cosec}\vartheta \tag{51}$$

$$v_{eh} = v_{ih} = v + w \tag{52}$$

v ist die ambipolare Diffusionsgeschwindigkeit in h-Richtung für den Fall, daß das Neutralgas nicht durch das Plasma mitbewegt wird. v ist gegeben durch

$$v = -D_a\left[\frac{1}{N}\frac{\partial N}{\partial h} + \frac{1}{T_i}\frac{\partial T_i}{\partial h} + \frac{1}{\left(1+\frac{T_e}{T_i}\right)H_i}\right] \tag{53}$$

$D_a$ ist die ambipolare Diffusionskonstante

$$D_a = \frac{k T_i\left(1+\frac{T_e}{T_i}\right)\sin^2\vartheta}{2\,v_{in}\,\mu_{in}} \tag{54}$$

w steht in (52) für den Ausdruck

$$w = \frac{E_y}{B}\cos\vartheta + v_{nx}\sin\vartheta\cos\vartheta + v_{nh}\sin^2\vartheta \tag{55}$$

Es bleibt nun noch die Aufgabe, $v_{nh}$ und $v_{nx}$ zu berechnen.

### 4.42 Bestimmung der vertikalen Neutralgasgeschwindigkeit $v_{nh}$

Die Gleichungen (50) bis (52) stimmen bis auf die Terme $v_{nh}\sin^2\vartheta$ und $v_{nh}\sin\vartheta\cos\vartheta$ mit den Gleichungen von J.P. DOUGHERTY [33] überein. Nach J.P. DOUGHERTY ist eine Mitnahme des Neutralgases durch das Plasma in vertikaler Richtung nicht möglich, da eine Verschiebung des barometrischen Gleichgewichts sofort eine Gegenkraft aufbaut, die einer weiteren Verschiebung entgegenwirkt. J.P. DOUGHERTY setzt aus diesem Grunde $v_{nh} = 0$. Nun kann das Neutralgas aber nicht nur durch Mitnahme durch das Plasma in Bewegung gesetzt werden, sondern auch durch Temperaturveränderungen. Daher ist die Voraussetzung $v_{nh} = 0$ nur dann richtig, wenn sich die Temperatur zeitlich nicht ändert. Es soll nun $v_{nh}$ in Abhängigkeit von $\frac{\partial T}{\partial t}$ berechnet werden.

Die Geschwindigkeit $v_{nh}$, mit der sich ein Massenelement bewegt, ist gleich der Geschwindigkeit der Isobare durch dieses Massenelement, denn zwischen zwei Isobaren ist die Masse konstant. Daraus ergibt sich für $v_{nh}$ die Definitionsgleichung

$$p(h,t) = p(h+v_{nh}dt,\ t+dt) \approx p(h,t) + \frac{\partial p}{\partial h} v_{nh} dt + \frac{\partial p}{\partial t} dt$$

oder

$$v_{nh} = -\left(\frac{\partial p}{\partial t}\right)_h \Big/ \left(\frac{\partial p}{\partial h}\right)_t$$

Mit der allgemeinen Gasgleichung für ideale Gase $p = n \cdot k \cdot T$ ($n$ = Zahl der Teilchen pro $cm^3$) und der Kontinuitätsgleichung

$$\frac{\partial \rho_n}{\partial t} = -\frac{\partial}{\partial h}(\rho_n v_{nh})$$

ergibt sich für $v_{nh}$ nach einfacher Umrechnung folgende lineare Differentialgleichung erster Ordnung

$$\frac{\partial v_{nh}}{\partial h} - \frac{v_{nh}}{T}\frac{\partial T}{\partial h} = \frac{1}{T}\frac{\partial T}{\partial t} \qquad (56)$$

Die Lösung dieser Differentialgleichung lautet:

$$v_{nh}(h) = v_{nh}(h_o) + T\int_{h_o}^{h} \frac{1}{T^2}\frac{\partial T}{\partial t}\, dh'$$

Für die praktische Anwendung dieser Beziehung wollen wir $h_o$ = 120 km und $v_{nh}(h_o) = 0$ setzen:

$$v_{nh}(h) = T\int_{120}^{h} \frac{1}{T^2}\frac{\partial T}{\partial t}\, dh' \qquad (57)$$

### 4.43 Aufstellung der Bewegungsgleichung für das Neutralgas

In den Gleichungen (50) und (55) tritt die Neutralgasgeschwindigkeit $v_{nx}$ auf. Diese genügt der Differentialgleichung

$$\rho_n \frac{dv_{nx}}{dt} + 2N\nu_{in}\mu_{in}(v_{nx} - v_{ix}) = -\frac{\partial p_n}{\partial x} + \eta\frac{\partial^2 v_{nx}}{\partial h^2} \qquad (58)$$

$p_n$ ist der Partialdruck des Neutralgases, $\eta$ ist der Zähigkeitskoeffizient. Nach A. DALGARNO und F. J. SMITH [35] ist, wenn $T$ in $^oK$ gemessen wird:

$$\eta = 3{,}34 \cdot 10^{-6}\, T^{0,71}\ cm^{-1} gr\, sec^{-1}$$

Unter Vernachlässigung von Horizontalgradienten der Neutralgasgeschwindigkeit sowie zeitlicher Temperaturänderungen, d.h. für $v_{nh} = 0$, gilt:

$$\frac{dv_{nx}}{dt} = \frac{\partial v_{nx}}{\partial t}$$

Diese Beziehung wollen wir als Näherung auch für den Fall $\frac{\partial T}{\partial t} \neq 0$ anwenden. Führen wir noch die kinematische Zähigkeit

$$\zeta = \frac{\eta}{\rho_n}$$

ein, so ergibt sich aus (58):

$$\frac{\partial v_{nx}}{\partial t} + \frac{2 N v_{in} \mu_{in}}{\rho_n} (v_{nx} - v_{ix}) = - \frac{1}{\rho_n} \frac{\partial p_n}{\partial x} + \zeta \frac{\partial^2 v_{nx}}{\partial h^2} \tag{59}$$

Setzen wir für $v_{ix}$ in (59) den durch (50) gegebenen Ausdruck ein, so erhalten wir:

$$\frac{\partial v_{nx}}{\partial t} + \frac{2 N v_{in} \mu_{in} \sin^2 \vartheta}{\rho_n} v_{nx} = - \frac{1}{\rho_n} \frac{\partial p_n}{\partial x} + \zeta \frac{\partial^2 v_{nx}}{\partial h^2} + \frac{2 N v_{in} \mu_{in}}{\rho_n} \left( v \cot \vartheta + v_{nh} \sin \vartheta \cos \vartheta - \frac{E_y}{B} \sin \vartheta \right) \tag{60}$$

Diese Differentialgleichung ist wie die Kontinuitätsgleichung von der ersten Ordnung in der Zeit und von zweiter Ordnung in der Höhe und führt daher ebenfalls auf ein Anfangswertproblem in t und ein Randwertproblem in h. Als Randwerte werden hier vorgegeben: $v_{nx} = 0$ am unteren Rand und $\frac{\partial^2 v_{nx}}{\partial h^2} = 0$ am oberen Rand des Integrationsintervalls. Da $\zeta$ exponentiell mit der Höhe zunimmt, ist die obere Randbedingung um so besser erfüllt, je höher der obere Rand liegt.

### 4.44 Berechnung des Terms $\mathrm{div}(N\underline{v}_e)$

Unter Vernachlässigung von Horizontalgradienten der Plasmageschwindigkeit sowie eines Gradienten der Elektronenkonzentration in Nord-Süd-Richtung ergibt sich:

$$\mathrm{div}(N\underline{v}_e) = \frac{\partial}{\partial h} (N v_{eh}) + v_{ey} \frac{\partial N}{\partial y} \tag{61}$$

oder

$$\mathrm{div}(N\underline{v}_e) = N \frac{\partial w}{\partial h} + w \frac{\partial N}{\partial h} + \frac{\partial}{\partial h} (N v) + v_{ey} \frac{\partial N}{\partial y} \tag{62}$$

Unter der Anwendung der Gleichung (53) und (54) läßt sich der Ausdruck $\frac{\partial}{\partial h} (Nv)$ weiter umformen. Für die Diffusionskonstante $D_a$ erhalten wir, wenn wir in (54) die in Abschnitt 4.3 berechneten Stoßzahlen einsetzen und die Abkürzung

$$\gamma = \frac{1}{2} \left(1 + \frac{T_e}{T_i}\right)$$

verwenden

$$D_a = D_o \frac{\gamma T \sin^2 \vartheta}{n(O) \left[ 1 + 1{,}426 \frac{n(N_2)}{n(O)} \right]} \tag{63}$$

mit

$$D_o = 1{,}2 \cdot 10^{16} \quad \mathrm{cm^{-1}\, sec^{-1}\, grad^{-1}} \tag{64}$$

Mit der weiteren Abkürzung

$$p = \frac{1 + 2,496 \frac{n(N_2)}{n(O)}}{1 + 1,426 \frac{n(N_2)}{n(O)}}$$

berechnet sich die erste Ableitung der Diffusionskonstante nach der Höhe zu

$$\frac{\partial D_a}{\partial h} = D_a \left[ \frac{p}{H_i} + \frac{2}{T_i} \frac{\partial T_i}{\partial h} \right] \tag{65}$$

Damit ergibt sich für $\frac{\partial}{\partial h}(Nv)$:

$$\frac{\partial}{\partial h}(Nv) = - D_a \left\{ \frac{\partial^2 N}{\partial h^2} + \frac{\partial N}{\partial h} \left[ \frac{0,5 + \gamma p}{\gamma H_i} + \frac{3}{T_i} \frac{\partial T_i}{\partial h} \right] + \right. \\ \left. + \frac{N}{\gamma H_i} \left[ \frac{p}{2 H_i} + \frac{0,5 + \gamma p}{T_i} \frac{\partial T_i}{\partial h} - \frac{1}{R_o + h} \right] \right\} \tag{66}$$

$R_o$ ist der Erdradius. Für $\gamma = 1$, $\frac{n(N_2)}{n(O)} = 0$, $\frac{\partial T_i}{\partial h} = 0$ und unter Vernachlässigung des von der Höhenabhängigkeit der Erdbeschleunigung herrührenden Anteils $1/(R_o + h)$ ist (66) identisch mit dem von V.C.A. FERRARO [36] hergeleiteten Ergebnis. Die in den Gleichungen (61) und (62) auftretende Ableitung $\frac{\partial N}{\partial y}$ wird im allgemeinen unbekannt sein. Nehmen wir jedoch an, daß an Orten gleicher geographischer Breite und verschiedener geographischer Länge die Elektronendichten in einer bestimmten Höhe nur deshalb ungleich sind, weil die wahren Ortszeiten verschieden sind, so läßt sich die örtliche Ableitung $\frac{\partial N}{\partial y}$ in die zeitliche Ableitung $\frac{\partial N}{\partial t}$ umformen:

$$\frac{\partial N}{\partial y} = \frac{\partial N}{\partial t} \cdot \frac{\partial t}{\partial y}$$

$$\frac{\partial t}{\partial y} = \frac{24 \text{ std}}{40\,000 \text{ km}} \cdot \frac{1}{\cos^2 \varphi} \qquad (\varphi = \text{geogr. Breite})$$

Diese Beziehungen gelten jedoch nur, wenn man das Erdmagnetfeld als symmetrisch annehmen darf. Speziell für Lindau/Harz ($\varphi = 51,65^o$) ist

$$\frac{\partial t}{\partial y} = 5,76 \text{ km}^{-1}\text{sec}$$

Damit lautet der vollständige div-Term:

$$\text{div}(N\underline{v}_e) = N \frac{\partial w}{\partial h} + w \frac{\partial N}{\partial h} + v_{ey} \frac{\partial t}{\partial y} \frac{\partial N}{\partial t} - D_a \left\{ \frac{\partial^2 N}{\partial h^2} + \frac{\partial N}{\partial h} \left[ \frac{0,5 + \gamma p}{\gamma H_i} + \right. \right. \\ \left. \left. + \frac{3}{T_i} \frac{\partial T_i}{\partial h} \right] + \frac{N}{\gamma H_i} \left[ \frac{p}{2 H_i} + \frac{0,5 + \gamma p}{T_i} \frac{\partial T_i}{\partial h} - \frac{1}{R_o + h} \right] \right\} \tag{67}$$

w ist durch Gleichung (55) gegeben.

### 4.5 Elektronenproduktion

Elektronen und Ionen können in der nächtlichen Ionosphäre durch gestreute ultraviolette Strahlen oder durch Korpuskularstrahlen erzeugt werden.

In den letzten Jahren sind zahlreiche Messungen der Intensität des gestreuten ultravioletten nächtlichen Himmelslichtes, insbesondere der Lyman-$\alpha$-Linie, durchgeführt worden [37, 38, 39, 40, 41]. Sie führten zu dem eindeutigen Ergebnis, daß die Intensität des nächtlichen UV-Lichtes bei weitem nicht ausreicht, um durch Ionisation einen merklichen Anteil zur Aufrechterhaltung der nächtlichen F-Schicht zu leisten.

Die Möglichkeit einer Elektronenproduktion durch Korpuskularstrahlen wurde von L.A. ANTONOVA und G.S. IVANOV-KHOLODNY [4] angeregt, ohne jedoch theoretisch oder experimentell begründet zu sein. Dagegen kommen G.S. IVANOV-KHOLODNY [42] und V.I. KRASSOVSKY et al. [43] in neueren Arbeiten zu dem Ergebnis, daß in mittleren Breiten unter ungestörten Bedingungen eine Elektronenproduktion durch Korpuskularstrahlen in der F-Schicht von untergeordneter Bedeutung ist.

Wir wollen daher annehmen, daß in der nächtlichen F-Schicht keine Elektronen produziert werden, d.h. wir wollen $q = 0$ setzen.

### 4.6 Zusammenfassung

Der besseren Übersicht wegen sollen noch einmal die Gleichungen zusammengestellt werden, aus denen die Elektronenkonzentration $N$ in Abhängigkeit von der Höhe $h$ und der Zeit $t$ zu berechnen ist.

Die Kontinuitätsgleichung lautet, nach $\frac{\partial N}{\partial t}$ aufgelöst:

$$\frac{\partial N}{\partial t} = \frac{1}{1 + v_{ey}\frac{\partial t}{\partial y}} \left( -\beta N - N\frac{\partial w}{\partial h} - w\frac{\partial N}{\partial h} + D_a \left\{ \frac{\partial^2 N}{\partial h^2} + \frac{\partial N}{\partial h} \cdot \left[ \frac{0,5+\gamma p}{\gamma H_i} + \frac{3}{T_i}\frac{\partial T_i}{\partial h} \right] + \frac{N}{\gamma H_i}\left[ \frac{p}{2H_i} + \frac{0,5+\gamma p}{T_i}\frac{\partial T_i}{\partial h} - \frac{1}{R_o + h} \right] \right\} \right) \tag{68}$$

Die in der Kontinuitätsgleichung auftretenden Geschwindigkeiten $w$ und $v_{ey}$ sind gegeben durch

$$w = \frac{E_y}{B}\cos\vartheta + v_{nx}\sin\vartheta\cos\vartheta + v_{nh}\sin^2\vartheta \tag{55}$$

$$v_{ey} = v_{iy} = \frac{E_y}{B}\operatorname{cosec}\vartheta \tag{51}$$

$w$ hängt von den Neutralgasgeschwindigkeiten $v_{nh}$ und $v_{nx}$ ab. Für $v_{nh}$ gilt:

$$v_{nh} = T\int_{120}^{h} \frac{1}{T^2}\frac{\partial T}{\partial t}\, dh' \tag{57}$$

$v_{nx}$ genügt der Differentialgleichung

$$\frac{\partial v_{nx}}{\partial t} + \frac{2 N \nu_{in} \mu_{in} \sin^2\vartheta}{\rho_n} v_{nx} = -\frac{1}{\rho_n}\frac{\partial p_n}{\partial x} + \zeta \frac{\partial^2 v_{nx}}{\partial h^2} + \frac{2 N \nu_{in}\mu_{in}}{\rho_n} (v \cot\vartheta + $$

$$+ v_{nh} \sin\vartheta \cos\vartheta - \frac{E_y}{B} \sin\vartheta ) \qquad (60)$$

mit

$$v = - D_a \left[ \frac{1}{N}\frac{\partial N}{\partial h} + \frac{1}{T_i}\frac{\partial T_i}{\partial h} + \frac{1}{(1 + \frac{T_e}{T_i}) H_i} \right] \qquad (53)$$

Die Koeffizienten $\beta$ und $D_a$ sind in folgender Weise bestimmt:

$$\beta = k_1 \, n(N_2) \qquad (40)$$

$$D_a = D_o \frac{\gamma T \sin^2\vartheta}{n(O) \left[ 1 + 1{,}426 \frac{n(N_2)}{n(O)} \right]} \qquad (63)$$

Als Randwerte werden für die Differentialgleichungen (68) und (60) vorgegeben: Am unteren Rand ($h = h_{min}$)

$$v_{nx} = 0 \qquad (69a)$$

$$N(t) = N(t_o) - \int_{t_o}^{t} L \, dt' \qquad (69b)$$

und am oberen Rand des Integrationsintervalls ($h = h_{max}$)

$$\frac{\partial^2 v_{nx}}{\partial h^2} = 0 \qquad (70a)$$

$$F = N v_{eh} = N w - D_a \left[ \frac{\partial N}{\partial h} + \frac{N}{T_i}\frac{\partial T_i}{\partial h} + \frac{N}{2\gamma H_i} \right] \qquad (70b)$$

# 5. Numerische Lösung des partiellen Differentialgleichungssystems für die Funktionen N ( h, t ) und $v_{nx}$ ( h, t )

## 5.1 Beschreibung der Lösungsmethode

Die Gleichungen (60) und (68) stellen ein System von gekoppelten partiellen Differentialgleichungen dar, die einen Zusammenhang zwischen den unbekannten Funktionen N und $v_{nx}$ und den unabhängigen Variablen h und t vermitteln. Schematisiert lassen sie sich folgendermaßen darstellen:

$$\frac{\partial N}{\partial t} = f_1 \frac{\partial^2 N}{\partial h^2} + (f_2 + a_1 v_{nx}) \frac{\partial N}{\partial h} + (f_3 + a_2 \frac{\partial v_{nx}}{\partial h}) N \qquad (71a)$$

$$\frac{\partial v_{nx}}{\partial t} = f_4 \frac{\partial^2 v_{nx}}{\partial h^2} + f_5 v_{nx} + f_6 \frac{\partial N}{\partial h} + f_7 N + f_8 \qquad (71b)$$

Die Koeffizienten $f_1, \ldots, f_8$ sind gegebene Funktionen der Höhe, der Zeit und der verschiedenen Parameter der F-Schicht. $a_1$ und $a_2$ sind Konstanten.

Die Differentialgleichungen (71a) und (71b) sind beide von erster Ordnung in der Zeit und von zweiter Ordnung in der Höhe, so daß ein Anfangswertproblem in der Zeit und ein Randwertproblem in der Höhe vorliegt. Die Schwierigkeiten, die dabei auftreten, liegen darin, daß die Differentialgleichungen partiell und gekoppelt sind. Die erste Schwierigkeit läßt sich überwinden, indem man die zeitlichen Differentialquotienten nach der Lagrangeschen Interpolationsformel in Differenzenquotienten umwandelt.

$$\frac{\partial N}{\partial t} = \frac{1}{\Delta t} \left[ 1,5\ N(t) - 2\ N(t - \Delta t) + 0,5\ N(t - 2\Delta t) \right] \qquad (72a)$$

$$\frac{\partial v_{nx}}{\partial t} = \frac{1}{\Delta t} \left[ 1,5\ v_{nx}(t) - 2 v_{nx}(t - \Delta t) + 0,5 v_{nx}(t - 2\Delta t) \right] \qquad (72b)$$

Auf diese Weise wurde die zeitabhängige Kontinuitätsgleichung (71a) mit $v_{nx} \equiv 0$ zum ersten Mal von H. KOHL [44] gelöst. Ist gerade $t - \Delta t$ identisch mit dem Anfangszeitpunkt, so müssen die Gleichungen (72a) und (72b) durch einfache lineare Interpolationsformeln ersetzt werden.

Die zweite Schwierigkeit kann man dadurch umgehen, daß man die Differentialgleichungen (71a) und (71b) nicht gleichzeitig, sondern nacheinander löst: Vorgegeben werden zum Zeitpunkt $t_o$ je ein Anfangsprofil der Neutralgasgeschwindigkeit $v_{nx}$ und der Elektronenkonzentration N. Daraus wird zunächst das N(h)-Profil zum Zeitpunkt $t_o + \Delta t$ berechnet und aus diesem sowie aus dem $v_{nx}$(h)-Anfangsprofil das neue $v_{nx}$(h)-Profil zum Zeitpunkt $t_o + \Delta t$. Diese Prozedur kann beliebig oft wiederholt werden. Stellen wir ein N(h)-Profil durch ein N und ein $v_{nx}$(h)-Profil durch ein V dar, so läßt sich der Lösungsweg durch folgendes Schema andeuten:

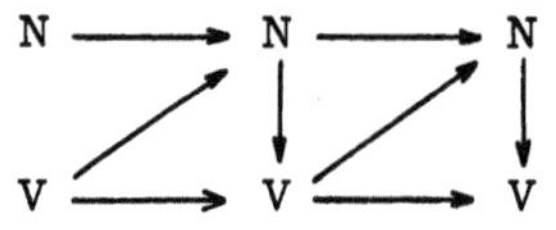


$t_o$ $\quad t_o + \Delta t \quad t_o + 2\Delta t$

Zum Vergleich der exakte Lösungsweg:

$$
\begin{array}{ccc}
N \longrightarrow & N \longrightarrow & N \\
& \updownarrow & \updownarrow \\
V \longrightarrow & V \longrightarrow & V \\
\\
t_o & t_o + \Delta t & t_o + 2\Delta t
\end{array}
$$

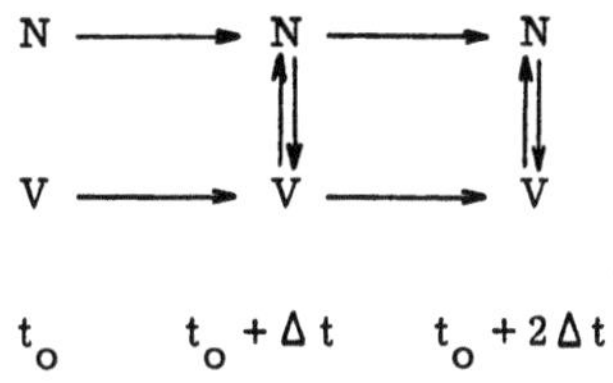

Der Fehler unseres Näherungsverfahrens geht gegen Null, wenn $\Delta t$ gegen Null geht. Das gleiche gilt für den Fehler, den wir durch Umwandlung der zeitlichen Differentialquotienten in Differenzenquotienten begehen. Für praktische Genauigkeitsansprüche, die bei etwa $\pm 2$ km in $h_m$ und $Y_m$ sowie $\pm 1\%$ in $N_m$ liegen sollen, reicht es aus, wenn wir $\Delta t = 5$ min wählen.

Wir haben damit unser Problem auf die Aufgabe reduziert, zwei nicht gekoppelte gewöhnliche Differentialgleichungen zweiter Ordnung zu lösen. H. RISHBETH und D. W. BARRON [45] lösten diese Aufgabe für die Kontinuitätsgleichung ohne Berücksichtigung der Neutralgasmitbewegung, indem sie in einem Iterationsprozess die Kontinuitätsgleichung, vom oberen Rand ausgehend, mit Hilfe des Runge-Kutta-Verfahrens sooft nach unten hin integrierten, bis auch die untere Randbedingung erfüllt war. Das ist eine sehr sicher arbeitende Methode, die auch in der Folgzeit häufig angewendet wurde. Sie hat jedoch den Nachteil, daß der Rechenaufwand sehr groß ist, da wegen der extrem starken Instabilität der Kontinuitätsgleichung etwa 45 Iterationen erforderlich sind. Wir wollen daher in dieser Arbeit nicht die Methode von RISHBETH und BARRON anwenden, sondern nach einer anderen Möglichkeit suchen.

Da die Differentialgleichungen (71a) und (71b) linear sind, bietet sich die Methode der Aufstellung eines Fundamentalsystems an, die folgendermaßen verläuft: Es werden, in unserem Fall mit Hilfe des Runge-Kutta-Verfahrens, zwei beliebige linear unabhängige Sonderlösungen $L_1$ und $L_2$ der homogenen und eine beliebige Sonderlösung $L_o$ der inhomogenen Differentialgleichung ermittelt. Die allgemeine Lösung $L$ der inhomogenen Differentialgleichung ist dann

$$L = L_o + c_1 L_1 + c_2 L_2$$

Die Konstanten $c_1$ und $c_2$ werden so bestimmt, daß die Randbedingungen erfüllt sind.

Das vorstehend beschriebene Lösungsverfahren wurde für die IBM 7040 programmiert. Für eine Integration der Differentialgleichungen (71a) und (71b) über einen Zeitraum von drei Stunden benötigt man eine Rechenzeit von etwa 30 Minuten. Das bedeutet eine Reduzierung der Rechenzeit gegenüber dem Verfahren von RISHBETH und BARRON um den Faktor vier.

## 5.2 Allgemeine Merkmale der Lösungen

Wir sind nun in der Lage, $N(h)$-Profile in Abhängigkeit von der Zeit unter dem Einfluß folgender Prozesse zu berechnen:

1. Elektronenverluste, repräsentiert durch den Parameter $\beta(300)$, d.h. durch den Anlagerungskoeffizienten in 300 km Höhe.

2. Ambipolare Diffusion, repräsentiert durch den Parameter $D_o$.

3. Plasmazufuhr aus der Protonosphäre, repräsentiert durch den Fluß $F$ am oberen Rand des Integrationsintervalls.

4. Vertikaldrift des Plasmas, verursacht durch ein $E_y$-Feld.

5. Horizontaldrift des Plasmas von der Tagseite der Erde zur Nachtseite, verursacht durch ein $E_x$-Feld.

6. Neutralgaswinde in Nord-Süd-Richtung, verursacht durch einen Druckgradienten und repräsentiert durch die Temperaturdifferenz $\Delta T$ zwischen Pol und Äquator, die diesem Druckgradienten entspricht.

7. Ein weiterer wichtiger Parameter, der in vielfacher Weise die verschiedenen Prozesse und damit die N(h)-Profile beeinflußt, ist die Temperatur $T_\infty$.

Wir haben damit die Möglichkeit, durch Veränderung von sieben Parametern das Verhalten der Lösungskurven zu beeinflussen. Bei dieser Vielzahl von Variationsmöglichkeiten ist es wünschenswert, einfache Formeln zu besitzen, die zumindest näherungsweise Aussagen über das Verhalten von $h_m$, $Y_m$ und $N_m$ bei Veränderung irgendwelcher Parameter zulassen. Tatsächlich ist es für den Fall, daß $h_m(t)$ konstant ist, möglich, durch systematische Auswertung einer großen Zahl exakter Lösungskurven solche Formeln aufzustellen:

a) Die Höhe $h_m$ läßt sich aus der Beziehung

$$X = \frac{\beta(h_m)\, H_i^2}{D_a(h_m)} = A_1 \qquad (73)$$

berechnen, die unter stark vereinfachten Voraussetzungen von D. F. MARTYN [46] hergeleitet wurde.

b) Die Schichtdicke $Y_m$ hängt nach

$$Y_m = A_2\, T_\infty \qquad (74)$$

von der Temperatur $T_\infty$ ab.

c) Für den Fall $h_m(t)$ = const. und $F = 0$ läßt sich die Abnahme von $N_m$ durch

$$N_m(t) = N_m(t_o)\, e^{-\lambda(t-t_o)}$$

beschreiben. Der "effektive Anlagerungskoeffizient" $\lambda$ hängt über die Beziehung

$$\lambda = A_3\, \beta\,(h_m) \qquad (75)$$

vom Anlagerungskoeffizienten $\beta(h_m)$ im F-Schicht-Maximum ab.

d) Ist $F < 0$, d.h. fließt ein Fluß in die F-Schicht hinein, so stellt sich nach einigen Stunden ein zeitunabhängiges N(h)-Profil ein. $N_m$ hängt dann nach

$$N_m = A_4\, F \qquad (76)$$

vom Fluß $F$ ab.

Die Bedeutung der Gleichungen (73) bis (76) liegt darin, daß je nach Kombination der physikalischen Prozesse, durch die das Verhalten der nächtlichen F-Schicht beschrieben wird, die Größen $A_1$ bis $A_4$ entweder konstant sind oder in übersichtlicher Weise von den betreffenden Parametern abhängen. Im einzelnen wollen wir auf die Gleichungen (73) bis (76) im folgenden Abschnitt eingehen.

# 6. Theoretische Nachbildung des Verhaltens der nächtlichen F-Schicht

Wegen der Vielzahl der verschiedenen Kombinationsmöglichkeiten ist es ohne systematische Vorarbeit praktisch nahezu unmöglich, durch geeignete Wahl von sieben Parametern den gesamten nächtlichen Verlauf der drei Größen $h_m$, $Y_m$ und $N_m$ theoretisch nachzubilden. Wir wollen daher die in diesem Abschnitt gestellte Aufgabe in zwei getrennten Teilen behandeln. Im ersten Teil sollen verschiedene Deutungsmöglichkeiten des Verhaltens der nächtlichen F-Schicht diskutiert werden, indem für fünf verschiedene Kombinationen der physikalisch möglichen Prozesse versucht wird, den Teil des beobachteten Verlaufs der Größen $h_m$, $Y_m$ und $N_m$ richtig zu beschreiben, der zwischen Beendigung des Schichtanstiegs und Beginn des Schichtabsinkens liegt. Aufbauend auf den dabei gewonnenen Erkenntnissen soll dann im zweiten Teil in möglichst guter Übereinstimmung mit den experimentellen Ergebnissen ein kompletter nächtlicher Verlauf der Größen $h_m$, $Y_m$ und $N_m$ berechnet werden.

## 6.1 Diskussion der verschiedenen Deutungsmöglichkeiten

Zwischen Beendigung des Schichtanstiegs und Beginn des Schichtabsinkens sind $h_m$ und $Y_m$ nahezu konstant, während $N_m$ mit einem konstanten effektiven Anlagerungskoeffizienten $\lambda$ exponentiell mit der Zeit abfällt. Wir wollen folgende Werte zugrunde legen : $h_m$ = 404 km, $Y_m$ = 124 km und $\lambda = 2.38\ 10^{-5}\ \text{sec}^{-1}$.

### 6.11 Beschreibung der nächtlichen F-Schicht durch Elektronenverluste und ambipolare Diffusion

Da mit zunehmender Höhe der Anlagerungskoeffizient abnimmt und die Diffusionskonstante zunimmt, stellt sich unter der Wirkung von Elektronenverlusten und ambipolarer Diffusion die F-Schicht in einer bestimmten Gleichgewichtshöhe ein. Dabei bleibt die Schichtform erhalten, d.h. die Schichtdicke nimmt ebenfalls einen konstanten Wert an, während $N_m$ mit einem konstanten effektiven Anlagerungskoeffizienten $\lambda$ exponentiell mit der Zeit abnimmt. Ohne Berücksichtigung der Neutralgasmitbewegung wurden die gleichen einfachen Verhältnisse gefunden [46 , 47 , 48] .

Die analytischen Näherungen (73) bis (75) sind in diesem Fall besonders einfach, da die Größen $A_1$, $A_2$ und $A_3$ angenähert konstant sind:

$$X = 0{,}17 \pm 0{,}01 \qquad (73\,a)$$

$$Y_m(\text{km}) = (1{,}02 \pm 0{,}01)\ 10^{-1}\ T_\infty(^\circ K) \qquad (74\,a)$$

$$\lambda = (1{,}65 \pm 0{,}02)\ \beta\ (h_m) \qquad (75\,a)$$

Nach D. F. MARTYN [46] ist $A_1$ = 0,25, jedoch unter der ungerechtfertigten Voraussetzung, daß der Anlagerungskoefizient die gleiche Skalenhöhe hat wie die Diffusionskonstante. Dagegen ist nach W. B. HANSON und T. N. L. PATTERSON [5] $A_1$ = 0,13 und $A_3$ = 1,5.

Abbildung 8 zeigt, in welcher Weise $\beta$ (300) und $D_o$ zusammentreten müssen, damit $h_m$ = 404 km wird. Außerdem sind die zugehörigen $\lambda$-Werte dargestellt. Der Schichtdicke $Y_m$ = 124 km entspricht die Temperatur $T_\infty = 1215^\circ$K. Man erkennt, daß $D_o = 1{,}0\ 10^{15}\text{cm}^{-1}\text{sec}^{-1}\text{grad}^{-1}$ sein muß, damit $\lambda$ den experimentell bestimmten Wert $2{,}38\ 10^{-5}\ \text{sec}^{-1}$ annimmt. Dieser Wert für $D_o$ ist um den Faktor 12 kleiner als derjenige Wert, der den in dieser Arbeit berechneten und von R. F. STEBBINGS et al. [31] gemessenen Stoßzahlen zwischen Ionen und Neutralgasteilchen entspricht. Ist dagegen $D_o = 1{,}2\ 10^{16}$ $\text{cm}^{-1}\text{sec}^{-1}\text{grad}^{-1}$, so nimmt $N_m$ in jeweils etwa zwei Stunden um den Faktor 10 ab. Das ist einer der Gründe, weshalb dieser Fall nicht für eine Beschreibung der nächtlichen F-Schicht in Frage kommt.

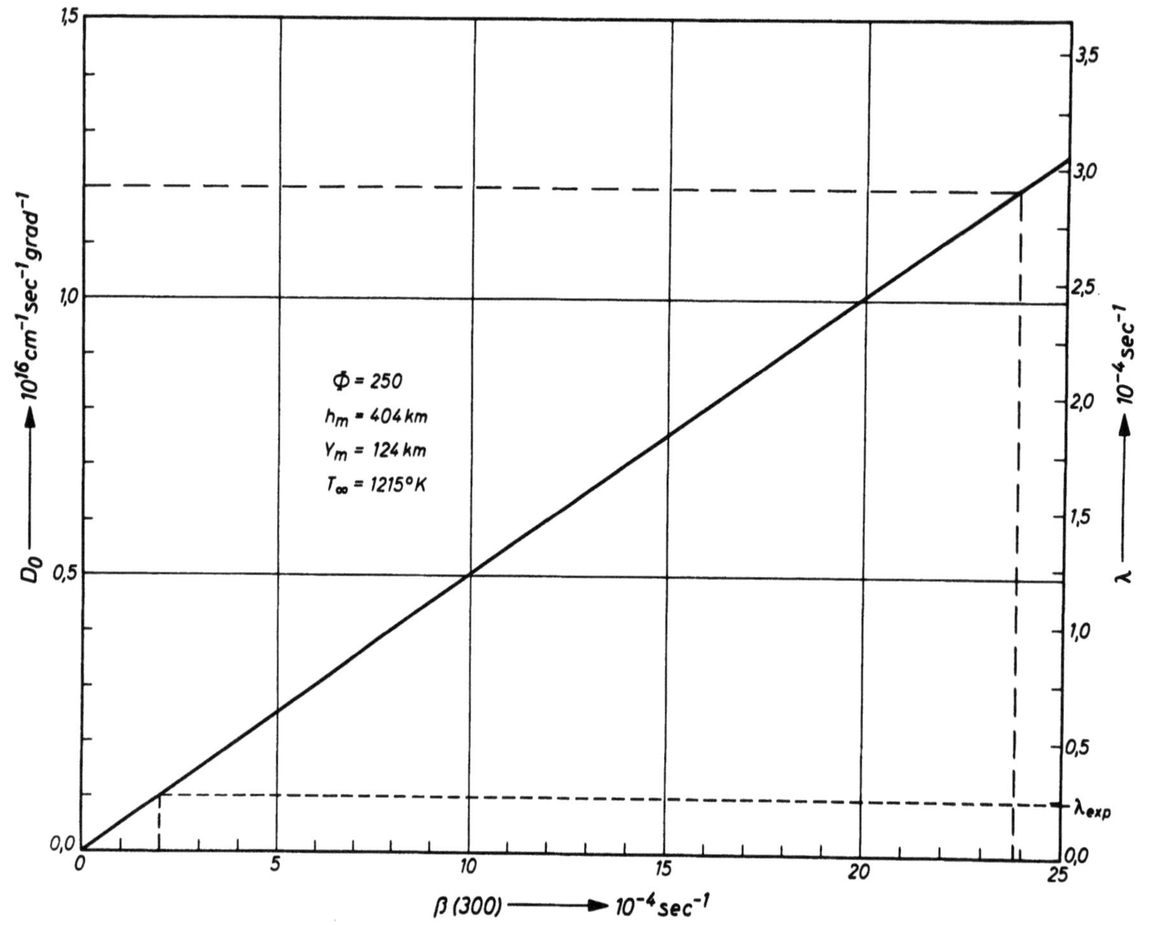


Abb. 8: Zusammenwirken der Parameter β (300), $D_o$ und $T_\infty$ zur Erlangung der Werte $h_m$ = 404 km, $Y_m$ = 124 km und λ = 2,38 $10^{-5}$ $sec^{-1}$

Ein anderer, ebenso gewichtiger Grund ist der, daß man den nächtlichen Schichtanstieg nur durch eine Temperaturzunahme um etwa 300 bis 400°K erklären könnte, während für das Absinken der Schicht eine plötzliche Temperaturabnahme um 400 bis 500°K nötig wäre.

## 6.12 Beschreibung der nächtlichen F-Schicht durch Elektronenverluste, ambipolare Diffusion und einen Plasmafluß aus der Protonosphäre

Wir wollen in diesem Abschnitt den Fluß berechnen, der zu einer stationären Elektronendichte von $N_m$ = 5,4 $10^5$ $cm^{-3}$, wie sie um etwa $04^{00}$ Uhr beobachtet wird, führt. Zugleich sollen die Parameter β (300), $D_o$ und $T_\infty$ so gewählt werden, daß $h_m$ = 404 km und $Y_m$ = 124 km ist. Es zeigt sich, daß durch einen Fluß die Größen $h_m$ und $Y_m$ vergrößert werden. Der durch "Einschalten" eines Flusses erreichbare Höhenanstieg ist jedoch wesentlich kleiner als der beobachtete Schichtanstieg. Es gilt:

$$X = 0,076 \pm 0,003 \quad (73b)$$

$$Y_m(km) = (1,22 \pm 0,02)\, 10^{-1}\, T_\infty\, (^oK) \quad (74b)$$

Die Größen $A_1$ und $A_2$ sind also auch für diesen Fall konstant. Dagegen hängt der Faktor $A_4$, der $N_m$ und F verknüpft, von β ($h_m$) bzw. von $D_a$ ($h_m$) ab, die wiederum über (73b) zusammenhängen.

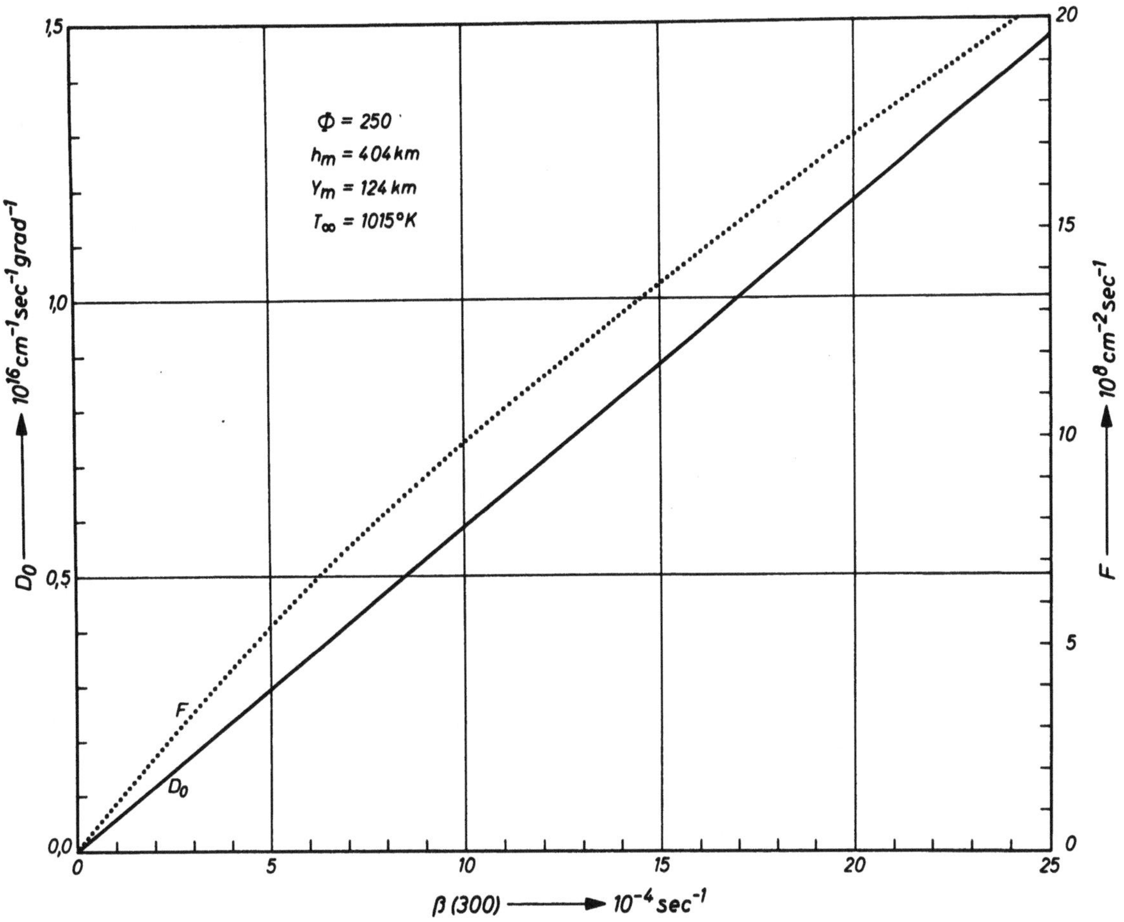


Abb. 9: Zusammenwirken der Parameter $\beta$ (300), $D_o$, $T_\infty$ und F zur Erlangung der Werte $h_m$ = 404 km, $Y_m$ = 124 km und $N_m$ = 5,4 $10^5$ $cm^{-3}$

Speziell für $h_m$ = 404 km und $Y_m$ = 124 km bzw. $T_\infty$ = 1015°K gilt

$$N_m\,(cm^{-3}) = \frac{2,6 \pm 0,3}{\beta(h_m)}\; 10^{-8}\; F(cm^{-2}sec^{-1}) \qquad (76b)$$

Die Ergebnisse der Rechnung sind in Abbildung 9 zusammengefaßt.

Man ersieht aus Abbildung 9, daß für $D_o$ = 1,2 $10^{16}$ $cm^{-1}$ $sec^{-1}$ $grad^{-1}$ ein Fluß von etwa 1,8 $10^9$ $cm^{-2}$ $sec^{-1}$ benötigt wird. Dieser Fluß ist etwa um den Faktor $10^2$ größer als der nach W.B.HANSON und T.N.L.PATTERSON [5] maximal mögliche Fluß. Bedenkt man weiterhin, daß die zur richtigen Beschreibung der Schichtdicke nötige Temperatur wesentlich kleiner ist als die mit anderen Methoden, z.B. mit der Satelliten-Abbremsungstechnik, gewonnenen Temperaturwerte, so kommt man zu dem Schluß, daß auch dieser Fall mit Sicherheit nicht für eine Beschreibung des Verhaltens der nächtlichen F-Schicht geeignet ist.

## 6.13 Beschreibung der nächtlichen F-Schicht durch Elektronenverluste, ambipolare Diffusion und ein $E_y$-Feld

Durch ein horizontales elektrisches Feld in Ost-West-Richtung werden die Elektronen und Ionen gemeinsam senkrecht zum magnetischen Feld bewegt. Ist $E_y$ positiv, d.h. nach Osten gerichtet, so besitzt die Plasmageschwindigkeit eine senkrecht nach oben gerichtete (ausgenommen an den Polen) und eine nach Norden gerichtete Komponente (ausgenommen am Äquator). Dadurch wird das Neutralgas nach Norden in Bewegung gesetzt, wodurch nun wiederum das Plasma eine zusätzliche Geschwindigkeit in Richtung der magnetischen Feldlinien bekommt. Diese zusätzliche Plasmageschwindigkeit hat eine senkrecht nach unten gerichtete Komponente, die die ursprüngliche Aufwärtskomponente sehr beträchtlich schwächt. Da die Schwächung der Aufwärtsbewegung mit einer gewissen Verzögerung einsetzt, ist nicht nur der momentane Wert von $E_y$ entscheidend, sondern auch dessen zeitliche Ableitung.

E. EISEMANN [49] konnte, allerdings unter der Annahme eines homogenen Plasmas und Vernachlässigung von Elektronenverlusten und ambipolarer Diffusion, zeigen, daß trotz der Schwächung der Aufwärtsbewegung durch die Mitbewegung des Neutralgases der nächtliche Anstieg durch elektrische Felder erklärt werden kann. Hier soll zunächst die Frage untersucht werden, wie groß im Zusammenwirken mit den Parametern $\beta(300)$, $D_o$ und $T_\infty$ ein konstantes elektrisches Feld $E_y$ sein muß, damit $h_m$, $Y_m$ und $\lambda$ die experimentell bestimmten Werte annehmen. Die Ergebnisse dieser Rechnung sind in Abbildung 10 dargestellt.

Abbildung 10 zeigt, daß es möglich ist, durch passende Wahl von $E_y$ sowohl die Höhe des Schichtmaximums als auch die Abnahme von $N_m$ richtig zu beschreiben. Die analytischen Näherungen (73) bis (75) sind in diesem Fall nicht so einfach wie in den beiden vorangegangenen Abschnitten, da $A_1$, $A_2$ und $A_3$ hier keine Konstanten sind. Wir wollen daher die Größen $A_1$, $A_2$ und $A_3$ in Wertetabellen darstellen. Messen wir $D_o$ in der Einheit $10^{16}$ $cm^{-1}$ $sec^{-1}$ $grad^{-1}$ und $E_y$ in V/km, so gilt

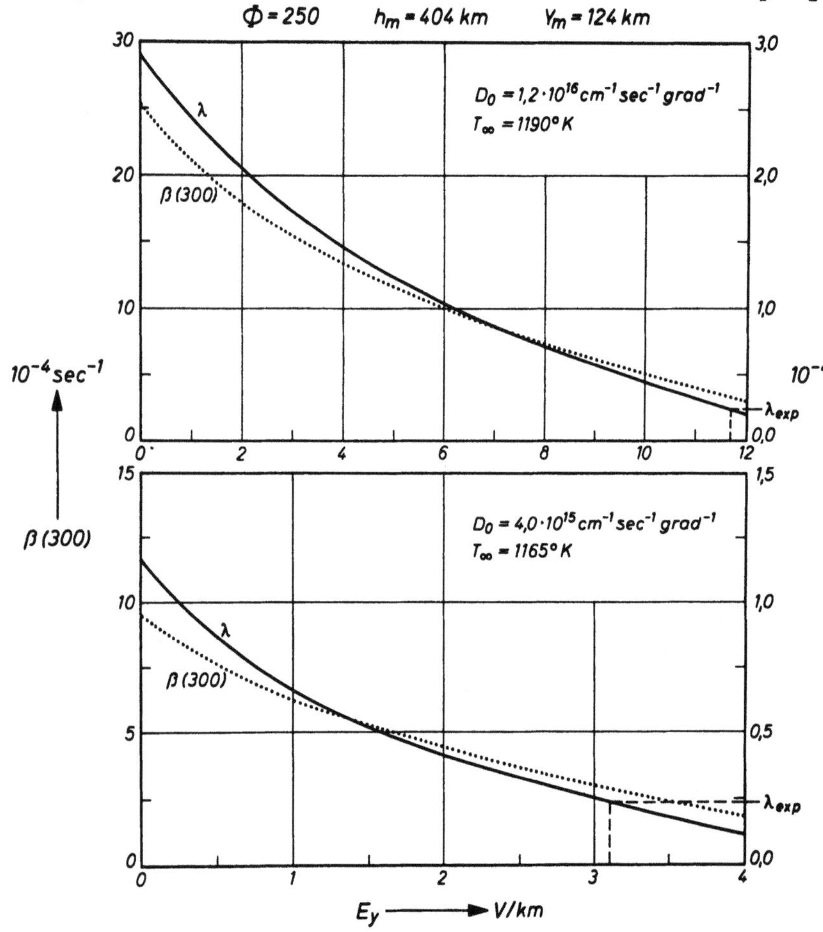


Abb. 10: Zusammenwirken der Parameter $\beta(300)$, $D_o$, $T_\infty$ und $E_y$ zur Erlangung der Werte $h_m$ = 404 km, $Y_m$ = 124 km und $\lambda$ = 2,38 $10^{-5}$ $sec^{-1}$

a) für $A_1$ (dimensionslos)

| $E_y$ \ $D_o$ | 1,2 | 0,4 |
|---|---|---|
| 0,0 | 0,164 | 0,180 |
| 1,0 | | 0,104 |
| 2,0 | 0,116 | 0,075 |
| 3,5 | | 0,039 |
| 5,0 | 0,074 | |
| 10,0 | 0,032 | |

b) für $A_2$ ($10^{-1}$ km $grad^{-1}$)

| | | |
|---|---|---|
| $D_o$ | 1,2 | 0,4 |
| $A_2$ | 1,04 | 1,06 |

c) für $A_3$ (dimensionslos)

| $E_y$ \ $D_o$ | 1,2 | 0,4 |
|---|---|---|
| 0,0 | 1,65 | 1,66 |
| 1,0 | | 1,62 |
| 2,0 | 1,64 | 1,39 |
| 3,5 | | 1,14 |
| 5,0 | 1,52 | |
| 10,0 | 1,22 | |

### 6.14 Beschreibung der nächtlichen F-Schicht durch Elektronenverluste, ambipolare Diffusion und ein $E_x$-Feld

Ein $E_x$-Feld bewirkt einen Plasmatransport in Ost-West-Richtung, der insbesondere von der Tagseite der Erde zur Nachtseite erfolgt, wenn $E_x$ positiv, d.h. nach Süden gerichtet ist. Durch diesen Mechanismus wird also Plasma von dem auf der Tagseite liegenden in den auf der Nachtseite liegenden Teil der Ionosphäre transportiert. Es ist nicht zu erwarten, und die Rechnung bestätigt diese Vermutung, daß ein $E_x$-Feld einen Einfluß auf die Höhe des F-Schicht-Maximums hat. Daher ist von vornherein klar, daß ein $E_x$-Feld allein nicht das Verhalten der nächtlichen F-Schicht erklären kann. Es zeigt sich aber, wie in Abbildung 11 dargestellt ist, daß die Abnahme der Elektronenkonzentration durch ein positives $E_x$-Feld wesentlich geschwächt wird, wodurch ein $E_x$-Feld zum idealen Partner für ein $E_y$-Feld wird.

Die Beziehungen (73) und (74) lauten hier:

$$X = 0{,}17 \pm 0{,}01 \tag{73c}$$

$$Y_m(\text{km}) = (1{,}02 \pm 0{,}01)\, 10^{-1}\, T_\infty\, (^\circ\text{K}) \tag{74c}$$

$A_3$ müssen wir in Form einer Wertetabelle angeben:

| $E_y$ \ $D_o$ | 1,2 | 0,4 |
|---|---|---|
| 0,0 | 1,65 | 1,66 |
| 1,0 | | 1,53 |
| 2,0 | 1,32 | 1,40 |
| 5,0 | 1,00 | 1,16 |
| 10,0 | 0,72 | |

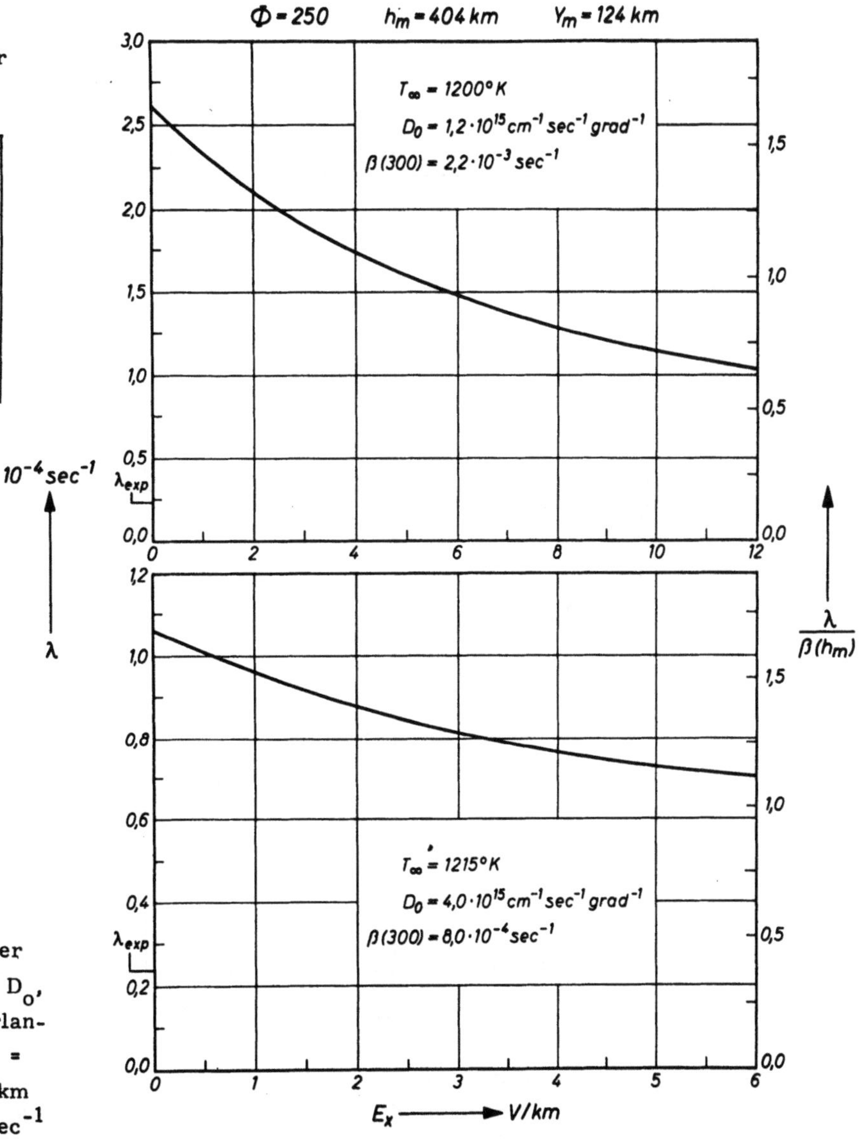


Abb. 11: Zusammenwirken der Parameter $\beta$(300), $D_o$, $T_\infty$ und $E_x$ zur Erlangung der Werte $h_m$ = 404 km, $Y_m$ = 124 km und $\lambda = 2{,}38\ 10^{-5}\text{sec}^{-1}$

6.15 Beschreibung der nächtlichen F-Schicht durch Elektronenverluste, ambipolare Diffusion und Neutralgaswinde in Nord-Süd-Richtung

Die Vorstellung, daß Neutralgaswinde einen wesentlichen Einfluß auf die F-Schicht haben könnten, wurde unabhängig voneinander von W.B.HANSON und T.N.L.PATTERSON [5] und J.W.KING [50] entwickelt und von H.KOHL [51, 52] theoretisch fundiert. Die Einwirkung von Neutralgaswinden auf die Ionosphäre ist leicht zu überschauen. Das Plasma wird vom Neutralgas mitgenommen und durch die magnetischen Feldlinien geführt. Die Schicht wird also durch einen Wind von Norden nach Süden gehoben, durch einen Wind von Süden nach Norden gesenkt. Außerdem haben Neutralgaswinde einen starken Einfluß auf die Schichtdicke, da die Neutralgasgeschwindigkeit stark höhenabhängig ist.

Für einen vorgegebenen Druckgradienten ist die Neutralgasgeschwindigkeit um so größer, je kleiner die Elektronendichte und damit die Reibungskraft zwischen Neutralgasteilchen und Ionen wird. Ist daher der Druckgradient konstant, während die Elektronendichte abnimmt, so wird die Neutralgasgeschwindigkeit immer größer. Das hat zur Folge, daß auch $h_m$ immer weiter zunimmt, ohne innerhalb der Nacht einen Höchstwert zu erreichen. Um dennoch eine konstante Schichthöhe zwischen Beendigung des Schichtanstiegs und Beginn des Schichtabsinkens zu erhalten, müssen wir fordern, daß der Druckgradient proportional zu $N_m$ abnimmt. Diese Forderung ist künstlich und daher unbefriedigend, sie läßt sich aber nicht umgehen. Die Ergebnisse der Rechnung sind in den Abbildungen 12a und 12b zusammengefaßt.

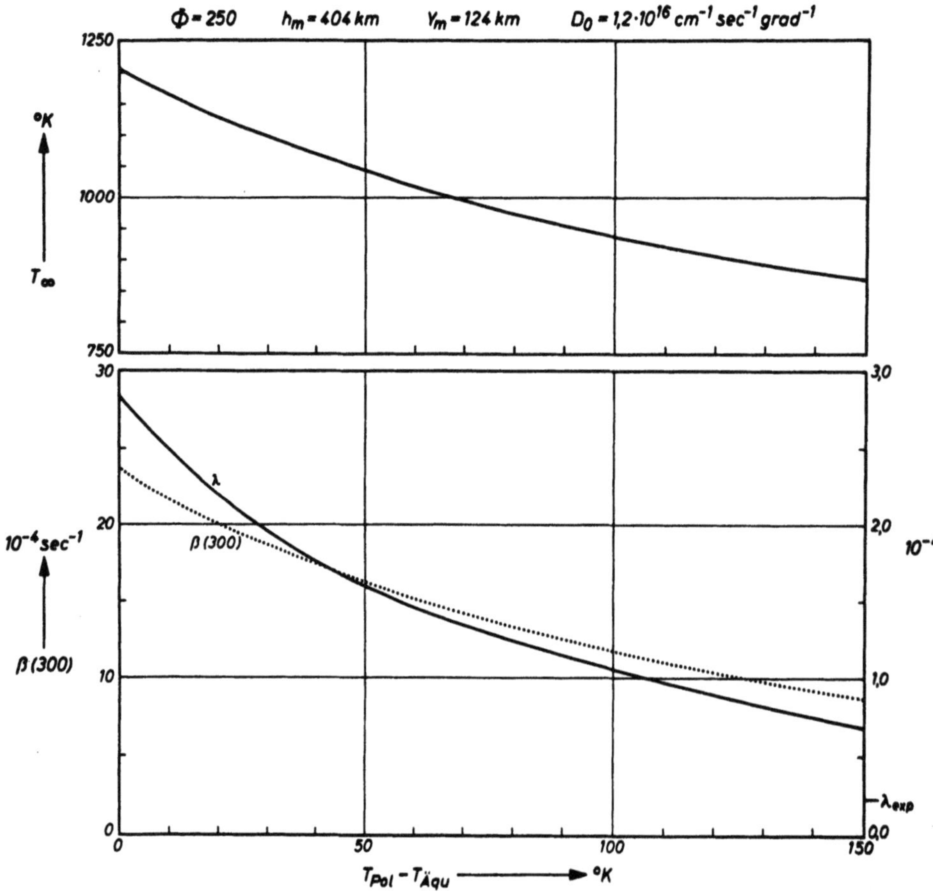


Abb. 12a: Zusammenwirken der Parameter β(300), $T_\infty$ und ΔT zur Erlangung der Werte $h_m$ = 404 km, $Y_m$ = 124 km und λ = 2,38 $10^{-5}$ $sec^{-1}$ für $D_o$ = 1,2 $10^{16}$ $cm^{-1}$ $sec^{-1}$ $grad^{-1}$

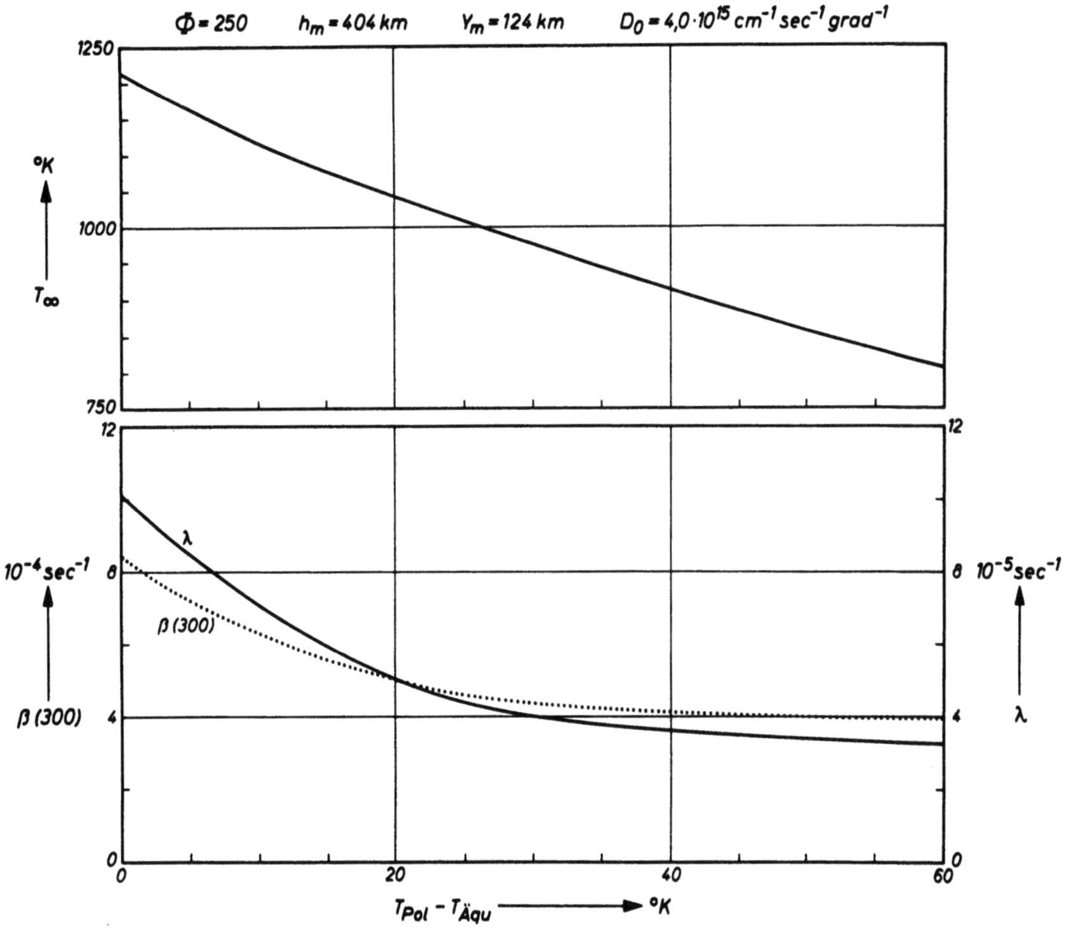


Abb. 12b: Zusammenwirken der Parameter β (300), $T_\infty$ und Δ T zur Erlangung der Werte $h_m$ = 404 km, $Y_m$ = 124 km und λ = 2,38 $10^{-5}$ $sec^{-1}$ für $D_o$ = 0,4 $10^{16}$ $cm^{-1}$ $sec^{-1}$ $grad^{-1}$

Die Größen $A_1$, $A_2$ und $A_3$ hängen von $D_o$ und Δ T, also der Temperaturdifferenz zwischen Pol und Äquator, ab. Wir wollen sie daher wiederum in Form einer Wertetabelle angeben. Δ T werde in °K gemessen.

a) $A_1$ (dimensionslos)

| $\Delta T$ \ $D_o$ | 1,2 | 0,4 |
|---|---|---|
| 0 | 0,164 | 0,180 |
| 25 | 0,105 | 0,052 |
| 40 | | 0,023 |
| 50 | 0,066 | |
| 100 | 0,025 | |

b) $A_2$ ($10^{-1}$ km $grad^{-1}$)

| $\Delta T$ \ $D_o$ | 1,2 | 0,4 |
|---|---|---|
| 0 | 1,04 | 1,06 |
| 25 | 1,11 | 1,23 |
| 40 | | 1,36 |
| 50 | 1,19 | |
| 100 | 1,32 | |

c) $A_3$ (dimensionslos)

| $\Delta T$ \ $D_o$ | 1,2 | 0,4 |
|---|---|---|
| 0 | 1,65 | 1,66 |
| 25 | 1,80 | 2,20 |
| 40 | | 2,76 |
| 50 | 2,02 | |
| 100 | 2,62 | |

Die Abbildungen 12a und 12b zeigen, daß durch diesen Fall eine richtige Beschreibung von λ nicht möglich ist, da das Verhältnis $A_3$ = λ / β ($h_m$) mit ΔT zunimmt. Um für $Y_m$ einen Wert von 124 km zu bekommen, muß man Temperaturen zugrunde legen, die weitaus kleiner als die mit anderen Methoden bestimmten Temperaturen sind. Aus diesen Gründen ist der hier vorliegende Fall nicht geeignet, das Verhalten der nächtlichen F-Schicht zu beschreiben.

## 6.2 Nachbildung eines vollständigen nächtlichen Verlaufs der Größen $h_m$, $Y_m$ und $N_m$

Wir haben damit gezeigt, daß sich das Verhalten der nächtlichen F-Schicht durch Elektronenverluste, ambipolare Diffusion und Plasmadriften infolge elektrischer Felder in x- und y-Richtung beschreiben läßt. Wir wollen nun auf dieser Grundlage einen kompletten nächtlichen Verlauf der Größen $h_m$, $Y_m$ und $N_m$ berechnen, der in möglichst guter Übereinstimmung mit dem experimentell gewonnenen Verlauf sein soll. Zusätzlich wollen wir einen kleinen Plasmafluß F zulassen. Um die Variationsmöglichkeiten der verschiedenen Parameter in Grenzen zu halten, wollen wir den Fluß F und die Feldstärke $E_x$ als zeitunabhängig betrachten.

Abbildung 13a zeigt eine Gegenüberstellung der experimentell und theoretisch gewonnenen Verläufe der Größen $h_m$, $Y_m$ und $N_m$, Abbildung 13b den zugehörigen Verlauf der Parameter $E_y$, $\beta$ (300) und $T_\infty$ sowie der Neutralgasgeschwindigkeit $v_{nx}$. Die Bewegung des Neutralgases ist hier ausschließlich auf

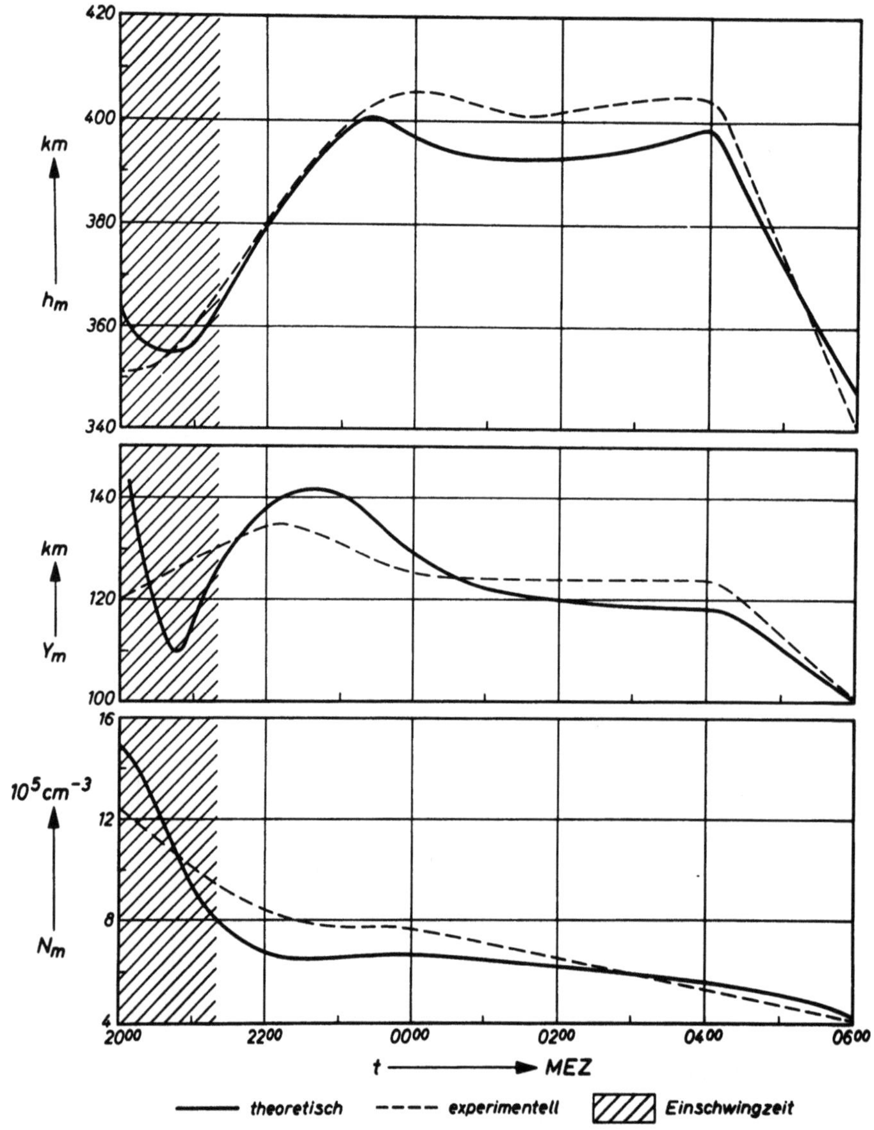


Abb. 13a: Theoretischer und experimenteller nächtlicher Verlauf von $h_m$, $Y_m$ und $N_m$ in den Äquinoktien des Sonnenfleckenmaximums

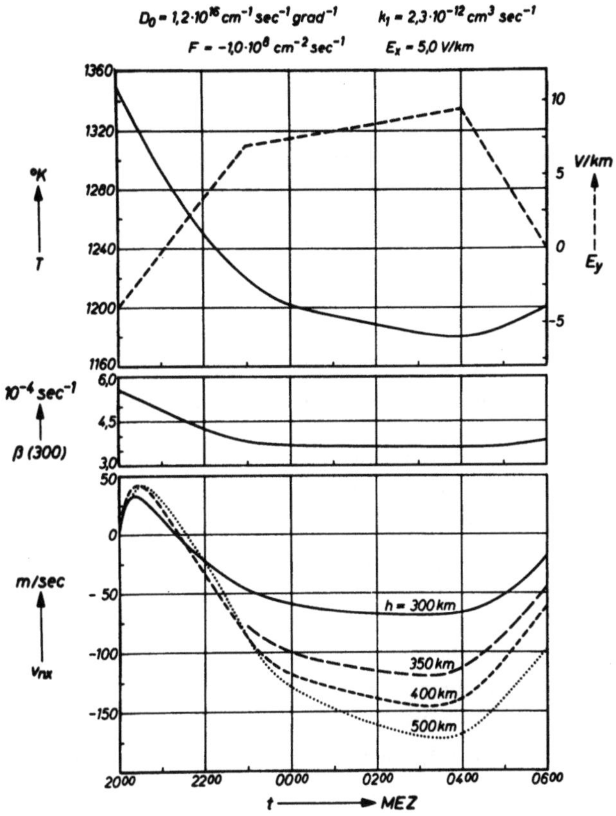


Abb. 13 b: Zu Abbildung 13 a gehörender Verlauf der Parameter $E_y$, β (300) und $T_\infty$ sowie der Geschwindigkeit $v_{nx}$ des mitbewegten Neu tralgases

die Mitnahme durch das bewegte Plasma zurückzuführen, da wir den Druckgradienten in Nord-Süd-Richtung gleich Null gesetzt haben.

Bedenkt man, wie schwierig es ist, den gleichzeitigen Verlauf von drei verschiedenen Größen in gewünschter Weise zu lenken, so ist die Übereinstimmung zwischen dem theoretischen und dem experimentellen Ergebnis sehr befriedigend, wenn man von der " Einschwingzeit" am Anfang absieht, in der sich die Lösungen von den recht willkürlichen Anfangsbedingungen - $v_{nx} \equiv 0$ für die Neutralgasgeschwindigkeit und ein Chapmanprofil für die Elektronenkonzentration - frei machen müssen. Die Übereinstimmung ist selbst im Detail ausgeprägt, in der geringfügigen Abnahme von $h_m$ nach Beendigung des Schichtanstiegs, dem Maximum von $Y_m$ zwischen $22^{00}$ und $23^{00}$ Uhr und der schwachen Zunahme von $N_m$ zwischen $23^{00}$ und $24^{00}$ Uhr. Zur Erreichung dieser guten Übereinstimmung war es nicht nötig, den Verlauf der Parameter in unnatürlicher Weise vorzugeben, etwa derart, daß $E_y$ genau wie $h_m$ nach Beendigung des Schichtanstiegs kurzzeitig abnimmt, daß $T_\infty$ wie $Y_m$ zwischen $22^{00}$ und $23^{00}$ Uhr ein Maximum hat oder daß β zwischen $23^{00}$ und $24^{00}$ Uhr sehr kleine Werte annimmt. Man sieht daran, wie wichtig es ist, die Neutralgasmitbewegung zu berücksichtigen.

Damit ist es gelungen, das Verhalten der nächtlichen F-Schicht in nahezu quantitativer Weise zu deuten, ohne für die beiden wichtigen Parameter β und $D_a$ Werte wählen zu müssen, die wesentlich kleiner als die den Labormessungen [29] und [31] entsprechenden Werte sind, wie dieses von T. YONEZAWA [3], H. RISHBETH [45] und vielen anderen Autoren getan werden mußte. Auch die relativ großen Feldstärken $E_x$ und $E_y$ liegen nach Rechnungen von E. EISEMANN [49], die auf Messungen der Neutralgasgeschwindigkeit in der E-Schicht beruhen, in der richtigen Größenordnung.

## 7. Zusammenfassung

Es ist das Ziel der vorliegenden Arbeit, das Verhalten der nächtlichen F-Schicht, wie es sich aus dem Verlauf der aus einem Ionogramm bestimmbaren Größen $h_m$, $Y_m$ und $N_m$ — also Höhe des Schichtmaximums, halbe Dicke der dem Schichtmaximum am besten angepaßten Parabel und Elektronenkonzentration im Schichtmaximum — äußert, zu deuten. Diese Deutung soll quantitativ sein, um Aussagen über die verschiedenen Parameter der F-Schicht zu ermöglichen. Es ist daher nötig, einen großen Teil der Arbeit der Aufstellung des Gleichungssystems zu widmen, aus dem dann mit Hilfe numerischer Verfahren unter Benutzung einer elektronischen Rechenmaschine die Elektronendichte in Abhängigkeit von der Höhe und der Zeit berechnet werden kann. Dieses Gleichungssystem besteht, da es sich als notwendig erweist, die Neutralgasmitbewegung unter Einschluß der inneren Reibung zu berücksichtigen, aus zwei gekoppelten partiellen Differentialgleichungen erster Ordnung in der Zeit und zweiter Ordnung in der Höhe.

Als wesentliches Ergebnis des theoretischen Teils der Arbeit wird gezeigt, in welcher Weise der Anlagerungskoeffizient der F-Schicht explizit von der Temperatur abhängt. Eine Abschätzung der Aktivierungsenergie der Reaktion $O^+ + N_2 \longrightarrow NO^+ + N$, die bestimmend für die Elektronenverluste ist, ergibt, daß die explizite Temperaturabhängigkeit von $\beta$ für Temperaturvariationen, wie sie im Laufe einer Nacht möglich sind, vernachlässigt werden kann.

Es werden fünf verschiedene Deutungsmöglichkeiten des Verhaltens der nächtlichen F-Schicht zur Diskussion gestellt, indem versucht wird, mit jeder dieser Deutungsmöglichkeiten den Verlauf von $h_m$, $Y_m$ und $N_m$ zwischen Mitternacht und etwa $04^{00}$ Uhr — einem Zeitraum, in dem $h_m$ und $Y_m$ annähernd konstant sind — richtig zu beschreiben. Dabei zeigt es sich, daß durch Elektronenverluste, ambipolare Diffusion und Plasmadriften infolge elektrischer Felder in Nord-Süd- und West-Ost-Richtung das Verhalten der nächtlichen F-Schicht erklärt werden kann, und es gelingt, auf dieser Grundlage einen vollständigen nächtlichen Verlauf der drei Größen $h_m$, $Y_m$ und $N_m$ zu berechnen, der in guter Übereinstimmung mit dem experimentellen Verlauf ist. Für die Parameter $\beta$ und $D_a$, also Anlagerungskoeffizient und ambipolare Diffusionskonstante, ergeben sich Werte, die mit den Labormessungen von F. C. FEHSENFELD et al. [29] und R. F. STEBBINGS et al. [31] übereinstimmen.

Die vorliegenden Untersuchungen wurden am Max-Planck-Institut für Aeronomie, Institut für Ionosphärenphysik, in Lindau/Harz durchgeführt. Herrn Prof. Dr. W. Dieminger, dem Direktor dieses Instituts, möchte ich für das Gewähren einer Arbeitsmöglichkeit danken. Den Herren Dr. W. Becker und Dr. H. Kohl danke ich für wertvolle Diskussionen, Herrn Dr. W. Becker außerdem dafür, daß er mir fertig ausgewertete Ionogramme zur Verfügung stellte.

## Literaturverzeichnis

[1] BECKER, W.: The varying electron density profile of the F-region during magnetically quiet nights. - J.Atmosph.Terr.Phys. 22 (1961), 275-289

[2] BECKER, W.: Vertikale Bewegungsvorgänge in der nächtlichen Ionosphäre. - A.E.Ü. 15 (1961), 569-577

[3] YONEZAWA, T.: Maintenance of ionization in the nighttime F2 region. - J.Rad. Res.Lab. 12 (1965), 65-88

[4] ANTONOVA, L.A. and G.S.IVANOV-KHOLODNY: Ionization in the night ionosphere. - Space Research II (1961), 981-992

[5] HANSON, W.B. and T.N.L.PATTERSON: The maintenance of the night-time F-layer. - Planet.Space Sci. 12 (1964), 979-997

[6] BECKER, W.: Die allgemeinen Verfahren der Station Lindau/Harz zur Bestimmung der wahren Verteilung der Elektronendichte in der Iono - sphäre. - A.E.Ü. 13 (1959), 373-382

[7] BECKER, W.: Das elektronische Verfahren der Station Lindau/Harz zur Berechnung von Elektronendichteprofilen der Ionosphäre aus Ionogrammen. - Kleinheubacher Berichte 9 (1964), 45-51

[8] HARRIS, I. and W.PRIESTER: Time-dependent structure of the upper atmosphere. - J.Atmosph. Sci. 19 (1962), 286-301

[9] HARRIS, I. and W.PRIESTER: Theoretical models for the solar cycle variation of the upper atmosphere. - NASA Technical Note D-1444 (1962)

[10] HANSON, W.B. and F.S.JOHNSON: Electron temperatures in the ionosphere. - Memoires Soc.R.Sc. Liège IV (1961), 390-424

[11] DALGARNO, A., M.B.MCELROY and R.F.MOFFETT: Electron temperatures in the ionosphere. - Planet.Space Sci. 11 (1963), 463-483

[12] GEISLER, J.E. and S.A.BOWHILL: An investigation of ionosphere-protonosphere coupling. - Aeronomy Report No. 5 (1965), University of Illinois, Urbana

[13] CHAPMAN, S.: The electrical conductivity of the ionosphere. - Nuovo cimento 4, ser.10, suppl. 4 (1956), 1385-1412

[14] EVANS, J.V.: Ionospheric backscatter observations at Millstone Hill.- Massachusetts Institute of Technology, JA-2548, MS-1324 (1965)

[15] NORTON, R.B., T.E. van ZANDT and J.S.DENISON: A model of the atmosphere and ionosphere in the E and F1 region. Proc. Intern. Conf. Ion. (1963), 26-34

[16] NIER, A.O., J.H.HOFFMANN and C.Y.JOHNSON: Neutral composition of the atmosphere in the 100- to 200 km range. - J.Geophys.Res. 69 (1964), 979-990

[17] HINTEREGGER, H.E.: Absorption spectrometric analysis of the upper atmosphere in the EUV region. - J.Atmosph.Sci. 19 (1962), 351-368

[18] POKHUNKOV, A.A.: Gravitational separation, composition and structural parameters of the night atmosphere at altitudes between 100 and 210 km.- Planet.Space Sci. 11 (1963), 441-449

[19] JOHNSON, C.Y., E.B.MEADOWS and J.C.HOLMES: Ion composition of the arctic ionosphere. - J.Geophys.Res. 63 (1958), 443-444

[20] MIRTOV, B.A.: Priroda 10 (1961), 23 (Translated E.R.Hope DRB T 366 R)

[21] TAYLOR, H.A. and H.C.BRINTON: Atmospheric ion composition measured above Wallops Island. - J.Geophys.Res. 66 (1961), 2587-2588

[22] ISTOMIN, V.G. and A.A.POKHUNKOV: Mass-spectrometer measurements of atmospheric composition in the USSR. - Space Research III (1963), 117-131

[23] NICOLET, M. and W.SWIDER: The ionospheric conditions. - Notes Preliminaires No. 32 (1963), Centre National de recherches de l'espace Uccle

[24] FROST, A.A. and R.G.PEARSON: Kinetik und Mechanismen homogener chemischer Reaktionen. - Verlag Chemie, Weinheim/Bergstr. (1964), p. 61

[25] LANGEVIN, P.: Une formule fondamentale de théorie cinétique. - Ann.chim.phys. (1905), 245-288

[26] GIOUMOUSIS, G. and D.P.STEVENSON: Reactions of gaseous molecule ions with gaseous molecules. - J.Chem.Phys. 29 (1958), 294-299

[27] Gmelins Handbuch der Anorganischen Chemie. - Verlag Chemie, Weinheim/Bergstr. Band 3 (1963) Sauerstoff, Band 4 (1936) Stickstoff

[28] LANGSTROTH, G.F.O. and J.B.HASTED: A general discussion of the Faraday Society. - 33 (1962), 298

[29] FEHSENFELD, F.C., A.L.SCHMELTEKOPF and E.E.FERGUSON: Some measured rates for oxygen and nitrogen ion-molecule reactions of atmospheric importance, including $O^+ + N_2 \rightarrow NO^+ + N$. - Planet.Space Sci. 13 (1965), 219-224

[30] HIRSCHFELDER, J.: Semi-empirical calculations of activation energies. - J.Chem. Phys. 9 (1941), 645-653

[31] STEBBINGS, R.F., A.C.H.SMITH and H.EHRHARDT: Third Int. Conf. on Atomic Collisions, London 1963

[32] DALGARNO, A.: Ambipolar diffussion in the F2 layer. - J.Atmosph.Terr.Phys. 12 (1958), 219-220

[33] DOUGHERTY, J.P.: On the influence of horizontal motion of the neutral air on the diffusion equation of the F-region. - J.Atmosph.Terr.Phys. 20 (1961), 167-176

[34] RÜSTER, R.: Die Änderung des Elektronendichteprofils der Ionosphäre über Tsumeb während erdmagnetischer Bai-Störungen. - Diplomarbeit, Göttingen 1964

[35] DALGARNO, A. and F.J.SMITH: The thermal conductivity and viscosity of atomic oxygen. - Planet. Space Sci. 9 (1962), 1-2

[36] FERRARO, V.C.A.: Diffusion of ions in the ionosphere. - Terr.Magn.Atmosph. Electr. 50 (1945), 215-222

[37] FRIEDMAN, H.: Lyman-α radiation. - Ann.Geophys. 17 (1961), 245-248

[38] THOMAS, G.E.: Lyman-α scattering in the earth's hydrogen geocorona. - J.Geophys.Res. 68 (1963), 2639-2660

[39] DONAHUE, T.M. and W.G.FASTIE: Observations and interpretation of resonance scattering of Lyman-α and OI (1300) in the upper atmosphere. - Space Research IV (1963), 304-324

[40] DONAHUE, T.M.: Lyman-α scattering in the earth's hydrogen geocorona. - J.Geophys.Res. 69 (1964), 1301-1306

[41] BRANDT, J.C.: On diffusive galactic Lyman-α in the night sky. - Planet.Space Sci. 12 (1964), 650-651

[42] IVANOV-KHOLODNY, G. S. : Maintenance of the night ionosphere and corpuscular fluxes in the upper atmosphere. - Space Research V (1964), 19-42

[43] KRASSOVSKY, V.I., YU.L. TRUTTSE and N.N.SHEFOV: On the mechanism of maintenance of the nocturnal ionosphere - Space Research V (1964), 43-48

[44] KOHL, H. : The possible effect of diffusion between magnetically conjugate points on the seasonal anomaly of the F-layer. - Electron Density Distributions in the Ionosphere and Exosphere, ed J. Frihagen (in Vorbereitung)

[45] RISHBETH, H. and D.W.BARRON: Equilibrium electron distributions in the ionospheric F2-layer. J.Atmosph.Terr.Phys. 18 (1960), 234-252

[46] MARTYN, D.F. : Processes controlling ionization distribution in the F2 region of the ionosphere. - Austral.J.Phys. 9 (1956), 161-165

[47] DUNGEY, J.W. : The effect of ambipolar diffusion in the nighttime F-layer. - J.Atmosph.Terr.Phys. 9 (1956), 90-102

[48] RISHBETH, H. : A time varying model of the ionospheric F2-layer. - J.Atmosph. Terr.Phys. 26 (1964), 657-685

[49] EISEMANN, E. : Der nächtliche Anstieg der Ionosphäre und seine Synopsis. - Kleinheubacher Berichte 11 (in Vorbereitung)

[50] KING, J.W., D. ECCLES, A.J. LEGG and P.A. SMITH: An explanation of various ionospheric phenomena including the anomalous behaviour of the F-region. - Internal Memorandum 191, Rad.Res.Station Slough (1964)

[51] KING, J.W. and H.KOHL: Movements in the atmosphere and ionosphere. - Internal Memorandum 207, Rad.Res.Station Slough (1965)

[52] KOHL, H. : Windsysteme in der hohen Atmosphäre, hervorgerufen durch Druckgradienten. - Kleinheubacher Berichte 11 (in Vorbereitung)

**Verzeichnis der Mitteilungen aus dem Max-Planck-Institut für Physik der Stratosphäre**

Nr. 1/1953 Über den Beitrag der von $\mu$ - Mesonen angestoßenen Elektronen zu den Ultrastrahlungsschauern unter Blei. G. Pfotzer

Nr. 2/1954 Ein Zählrohrkoinzidenzgerät zur Registrierung der kosmischen Ultrastrahlung. A. Ehmert

Eine einfache Me hode zur Einstellung und Fixierung des Expansionsverhältnisses von Nebelkammern. G. Pfotzer

Nr. 3/1954 Optische Interferenzen an dünnen, bei -190°C kondensierten Eisschichten. Erich Regener (vergriffen)

Nr. 4/1955 Über die Messung der Temperatur des atmosphärischen Ozons mit Hilfe der Huggins-Banden. H. Zschörner und H. K. Paetzold

Nr. 5/1956 Ein neuer Ausbruch solarer Ultrastrahlung am 23. Februar 1956. A. Ehmert und G. Pfotzer, vergriffen (erschienen Z. Naturforschung 11a, 322, 1956)

Nr. 6/1956 Das Abklingen der solaren Ultrastrahlung beim Ausbruch am 23. Februar 1956 und die geomagnetischen Einfallsbedingungen. A. Ehmert und G. Pfotzer

Nr. 7/1956 Die Impulsverteilung der solaren Ultrastrahlung in der Abklingphase des Strahlungseinbruches am 23. Februar 1956. G. Pfotzer

Nr. 8/1956 Die atmosphärischen Störungen und ihre Anwendung zur Untersuchung der unteren Ionosphäre. K. Revellio

Nr. 9/1956 Solare Ultrastrahlung als Sonde für das Magnetfeld der Erde in großer Entfernung. G. Pfotzer

*

Die vorstehenden Hefte können beim Max-Planck-Institut für Aeronomie, 3411 Lindau angefordert werden.

**Mitteilungen aus dem Max-Planck-Institut für Aeronomie**

Nr. 1 (S) Waibel: Messungen von Primärteilchen der kosmischen Strahlung.

Nr. 2 (S) Erbe: Auswirkung der Variationen der primären kosmischen Strahlung auf die Mesonen- und Nukleonenkomponente am Erdboden.

Nr. 3 (I) Kohl: Bewegung der F-Schicht der Ionosphäre bei erdmagnetischen Bai-Störungen.

Nr. 4 (I) Becker: Tables of ordinary and extraordinary refractive indices, group refractive indices and $h'_{o,x}(f)$-curves or standard ionospheric layer models.

Nr. 5 (S) Schröpl: Über eine Neubestimmung des Absorptionskoeffizienten von Ozon im Ultraviolett bei kleinen Konzentrationen.

Nr. 6 (S) Erbe: Ergebnisse der Ballonaufstiege zur Messung der kosmischen Strahlung in Weissenau und Lindau.

Nr. 7 (S) Meyer: Elektromagnetische Induktion eines vertikalen magnetischen Dipols über einem leitenden homogenen Halbraum.

Nr. 8 (I u. S) Dieminger und Mitarb.: Die geophysikalischen Ereignisse des 12. - 14. November 1960.

Nr. 9 (S) Pfotzer, Ehmert, and Keppler: Time Pattern of Ionizing Radiation in Balloon Altitudes in High Latitudes. Part A, Text; Part B, Figures and Diagrams.

Nr. 10 (S) Waibel: Eine Ballonsonde zur Messung von Röntgenstrahlung und solarer Ultrastrahlung.

Nr. 11 (S) Voelker: Zur Breitenabhängigkeit erdmagnetischer Pulsationen.

Nr. 12 (S) Jaeschke: Registrierung von Pulsationen im südlichen Niedersachsen als Beitrag zur erdmagnetischen Tiefensondierung.

Nr. 13 (S) Meyer: Elektromagnetische Induktion in einem leitenden homogenen Zylinder durch äußere magnetische und elektrische Wechselfelder.

Nr. 14 (S) Kremser: Über den Zusammenhang zwischen Röntgenstrahlungs-Ausbrüchen in der Polarlichtzone und bayartigen erdmagnetischen Störungen.

Nr. 15 (S) Keppler: Messung von Röntgenstrahlung und solaren Protonen mit Ballongeräten in der Nordlichtzone.

Nr. 16 (S) Kirsch: Die Anisotropien der kosmischen Strahlung.

Nr. 17 (S) *Guilino: Ausbau eines Wechsellichtmonochromators und seine Anwendung zur Messung des Luftleuchtens während der Dämmerung und in der Nacht.

Nr. 18 (S) Pfotzer and Ehmert: Measurements of High Energetic Auroral Radiations with Balloon-Borne Detectors in 1962 and 1963 Part A to C, Text; Part D, Figures and Diagrams.

Nr. 19 **(I)** Hartmann: Bestimmung wichtiger Satellitenpositionen mit Hilfe graphischer Darstellungen.

Nr. 20 **(S)** Keppler: Über die Eigenschaften von Zählrohren und Ionisationskammern in verschiedenartigen Strahlungsfeldern. - Zur Interpretation von Röntgenstrahlungsmessungen in Ballonhöhe in der Nordlichtzone.

Nr. 21 **(S)** Siebert: Zur Theorie erdmagnetischer Pulsationen mit breitenabhängigen Perioden.

Nr. 22 **(S)** Meyer: Zur 27 täglichen Wiederholungsneigung der erdmagnetischen Aktivität, erschlossen aus den täglichen Charakterzahlen C 8 von 1884-1964.

Nr. 23 **(S)** Frisius: Über die Bestimmung von Längstwellen - Ausbreitungsparametern aus Feldstärkemessungen am Erdboden.

Nr. 24 **(I)** Ma: Einfluß der erdmagnetischen Unruhe auf den brauchbaren Frequenzbereich im Kurzwellen-Weitverkehr am Rande der Nordlichtzone.

Nr. 25 **(S)** Kremser, Keppler, Bewersdorff, Saeger, Ehmert, Pfotzer, Riedler, Legrand: X - Ray Measurements in the Auroral Zone from July to October 1964.

MIX
Papier aus verantwortungsvollen Quellen
Paper from responsible sources
FSC® C105338

If you have any concerns about our products,
you can contact us on
**ProductSafety@springernature.com**

In case Publisher is established outside the EU,
the EU authorized representative is:
**Springer Nature Customer Service Center GmbH**
**Europaplatz 3, 69115 Heidelberg, Germany**

Printed by Libri Plureos GmbH
in Hamburg, Germany